JN242797

ポケット版

「なぜ?」に答える 科学のお話100

生きものから地球・宇宙まで

[監修]長沼 毅

PHP

はじめに

　この本は、大好評の『なぜ？』に答える科学のお話366』の中から、特に身近なお話を、百話選んだ上で再編集した、ポケット版です。毎日の生活のなかで、みなさんがぎもんに思うような、さまざまな「ふしぎ」を集めて、歴史的な背景から科学的な考え方までわかりやすく説明しています。

「科学のお話」といっても、さまざまなジャンルがあります。人間のからだや心のこと、動物のこと、地球や宇宙のことなど、ページ順ではなく、気になったものから読みはじめてもよいでしょう。

　科学について、いろいろなことがわかってくると、地球や自然など、ものを見る目も変わってくるはずです。たとえば、虹を見たとき、「どうして虹は七色なのか」を知っていると、その美しさも、きっと特別なものに思えるでしょう。

　ふだん身近に起こっていることでも、科学的にきちんと理解しようとすると、「なるほど！」と思うことだけでなく、「むずかしい」「わから

ない」と感じることもあるかもしれません。

もし、はじめはむずかくてわからなくても、心配いりません。何度か読んでいるうちに、だんだん理解できるようになるはずです。

そして、知らなかったことを知ったり、わからなかったことがわかるようになったりすることは、とてもうれしくて、楽しいことだと実感できるでしょう。

そして、「もっと知りたい！」という気持ちを大切に、これから毎日の生活の中で見つかる「ふしぎ」も、「なるほど！」「わかった！」に変えていってください。

でも、じつは、ひとつのことがわかると、新しい「なぜ」が出てきます。わかればわかるほど、多くの「なぜ」が出てきます。

この本を読んで、みなさんの「わかった！」がどんどんふえ、もっとたくさんの「なぜ」を見つけてくれることを願っています。

広島大学大学院生物圏科学研究科准教授
長沼　毅

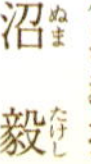

もくじ

お話を読む前に

お話を選ぶときや、読んだあとに楽しめるヒントを紹介します。

各章のテーマ

内容によって、5つの章に分けています。

グループ分け

章の中で、さらにくわしい分類をしています。

出典や人名

内容をわかりやすくするため、出典や人名をのせているページもあります。

1章 くらしのなぜ?

ものはどうして上から下に落ちるの?

ものにはたらく力を研究し、科学の世界を発展させた人がいます

ニュートン

一六四二年、アイザック・ニュートンは、イギリスの小さな農村で生まれました。

ニュートンは、ひとりで、もの思いにふけることが多く、目にふれるふしぎなものに対して、「どうして、こうなるのだろう?」と、考えこむことがよくありました。

そして、自分の知らないことを、もっと知りたい、もっと勉強したいと思うようになったのです。なんでも勉強して知識をたくわえ、自分で実験をすることもありました。

そして、ニュートンは、イギリスのケンブリッジ大学に進みました。けんめいに研究をつづけ、光と色についての研究や数学の法則の発見などを成しとげました。特に、「万有引力の法則」の発見は、科学の世界に大きな影響をあたえました。

ものが、上から下に落ちるのは、「重力」という力によって、地球に引っぱられるためです。このことは、当時、すでに知られていました。

ニュートンは、「地球上のものだけでなく、地球から遠くはなれた月やほかの天体にも、重力がはたらいている」と考えました。そして、その考えが正しいことを計算で証明したのです。さらにそこから、「あらゆるものには、たがいに引っぱる力が存在する」という法則もみちびき出しました。これが、リンゴが落ちるのを見て思いついたといわれる、「万有引力の法則」です。

この法則は、ニュートンが発見したほかのいくつかの法則といっしょに、『プリンキピア』という本にまとめられました。

『プリンキピア』の登場によって、身のまわりに起こるいろいろな現象に説明がつくようになりました。数百年たった今でも、科学的な考え方の土台となっています。

おはなしクイズ ニュートンは、ものを引っぱる力があるのは地球だけだと考えた。〇か×か?

よんだ

22 23

おはなしクイズ・こたえ

お話に関するクイズです。こたえは、つぎのお話の2ページ目(最後の285ページのみ、同じページ内)にあります。

「よんだ」チェック

読んだお話には、チェックを入れましょう。

ためしてみよう

1～4章の終わりでは、かんたんな実験や身近なものを観察するポイントを紹介しています。おうちの人といっしょに、やってみましょう。

1章（しょう）
くらしのなぜ？

メロンやスイカの皮にもようがあるのはなぜ？

メロンとスイカにもようがある理由は、それぞれちがいます

メロンやスイカは、とてもあまくておいしいですね。メロンにはしわしわのあみ目もようがあり、スイカには緑と黒のしまもようがあるので、くだもの屋さんでもすぐにわかります。でも、どうしてこのようなもようがあるのでしょうか。

メロンは、もともと小さい実が生長して大きくなります。このとき、外側の部分にくらべて、中身はとても早く生長します。そのため、皮が中身の生長についていくことができず、ビリッとやぶれるのです。

やぶれた部分をそのままにしておくと、そこからばい菌が入って病気になってしまいます。そこでメロンは、やぶれた部分から汁を出して、われ目をふさぎます。メロンのしわは、きず口をふさぐかさぶたのようなはたらきをしているのです。

いっぽう、スイカには、なぜしまもようがあるのでしょうか。スイカ

は、メロンと同じ、ウリの仲間です。同じウリの仲間であるキュウリやカボチャなどをよく観察すると、表面に、すじがたくさん入っています。

スイカのしまもようは、このウリの仲間のすじが、もように置きかわったものなのです。ただ、昭和時代のはじめごろまで、このしまもようはありませんでした。どうやら、おいしく食べられるように品種改良をくり返している間に、たまたまできたらしいのです。

メロンのあみ目もようが、生長のとちゅうでできるのとちがい、スイカのしまもようは、実がまだ小さいときからあります。最初はうすい色をしていますが、生長するにつれて、こくはっきりしてきます。

おはなしクイズ

メロンのあみ目もようは、実が大きくなるとちゅうでできる。〇か×か？

ジュースの入ったコップの外側がぬれるのはなぜ?

目に見えない水の変化によって起こるふしぎです

　コップに水を入れて置いておくと、量が少しずつへっていきます。また、雨がふったあとにできる水たまりも、だんだん小さくなって、そのうちになくなってしまいます。

　これらは、時間とともに、水が目に見えない「水蒸気」に変わっていくため、起こる現象です。海やみずうみ、川や池、地面など、いろいろなところにある水が水蒸気になることで、空気には、わたしたちの目には見えない水蒸気がたくさんふくまれているのです。

　じつは、冷たいジュースや氷水の入ったコップの外側に水滴がつくのも、このことと関係があります。

　コップに冷たいジュースや水を入れると、コップは冷たくなりますね。このとき、まわりの空気とコップの間に温度差が生まれます。すると、コップにふれた空気中の水蒸気が冷えて、もとの水のすがたにもどるのです。これがコップの外側につく水滴の正体です。これを「結ろ」といいます。

結ろは、空気とコップの温度差が大きいほど、起こりやすくなります。暑い夏、よく冷えたジュースをコップに入れると、たくさん水滴がつくのは、このためです。

また、寒い冬、あたたかい部屋にいると、窓ガラスの内側に水滴がついていることがあります。これも、コップにつく水滴と同じ理由で起こります。冷たい窓ガラスに、部屋の中の温かい空気がふれることで、部屋の中の水蒸気が水に変わるというわけです。

反対に、夏、部屋の冷房がききすぎていると、外の温かい空気が冷房で冷えた窓ガラスにふれて、ガラスの外側に水滴がつきます。

冷たい飲みものの入ったコップ

おはなしクイズ ジュースの入ったコップの外側につく水滴は、空気中のなにが変化したもの？

13ページのこたえ ○

ヨーグルトはどうして おなかにいいの？

おなかの中でいいはたらきをする菌をふやします

ヨーグルトは、牛乳からつくられる食べものです。あまみのある牛乳から、すっぱいヨーグルトができるのは、なぜでしょうか。

牛乳をすっぱいヨーグルトにしているのは、「乳酸菌」という菌です。乳酸菌はもともと、しぼりたての牛乳にふくまれているものです。しかし、わたしたちが飲む牛乳は、からだに悪い菌を殺すために殺菌されていて、乳酸菌もいっしょに死んでいます。そこでヨーグルトは、殺菌された牛乳に乳酸菌を加えてつくるのです。

では、乳酸菌はどんなはたらきをするのでしょうか。

乳酸菌は、牛乳のあまみ成分である「乳糖」という糖分を食べ、「乳酸」というすっぱい成分に変えます。この乳酸菌のはたらきを、「発酵」とよびます。

発酵した食品は、もとの食品より

食べもの

ヨーグルトのでき方

15ページのこたえ 水蒸気

栄養がふえるという特徴があります。ヨーグルトも牛乳より、たんぱく質やカルシウムなどの栄養が多くふくまれています。しかも、たんぱく質やカルシウムは、乳酸菌による発酵のおかげで、おなかで吸収されやすくなっているのです。

みなさんの中には、牛乳を飲むと、おなかがゴロゴロしたり痛くなったりする人がいるでしょう。これは、牛乳の中の乳糖を、おなかでうまく分解できないからです。

ヨーグルトは、乳酸菌によって、乳糖の四分の一程度が分解されています。そのうえ、乳糖の分解を助ける成分も入っています。ですから、牛乳が苦手な人も、ヨーグルトなら、おなかにふたんをかけずに食べることができます。

乳酸菌のはたらきは、栄養をふやし、おなかで吸収しやすくするだけではありません。最大の特徴は、おなかにいい菌をふやすことです。

わたしたちのおなかには、千種類

おはなしクイズ ヨーグルトと牛乳では、栄養が多いのは、どっち？

以上、数百兆〜数千兆個もの菌がすんでいます。その中には、いいはたらきをする「善玉菌」と、悪いはたらきをする「悪玉菌」がいます。

乳酸菌は、悪玉菌をへらして、善玉菌をふやすはたらきをします。つまり、乳酸菌がおなかの調子をととのえてくれるのです。この乳酸菌のはたらきを利用した、おなかの薬もあります。

ただし、わたしたちのおなかにすんでいる菌の種類やバランスは、ひとりひとりちがいます。そのため、同じ乳酸菌の入ったヨーグルトでも、おなかの調子がよくなる人もいれば、変わらない人もいるのです。

山びこが聞こえるのはどうして？

空気のふるえが山にぶつかると、はね返ってもどってきます

「ヤッホー」

「ヤッホー、ヤッホー……」

山にのぼって、大きな声でさけぶと、同じ言葉がひびいて返ってきます。まるで、向かいの山からだれかが、返事をしたように聞こえます。

これを、昔の人は、山の神や木の精霊が返事をしたと考えたことから、山の神、木の精霊の意味で、それぞれ「山びこ」や「こだま」といいます。

山だけでなく、トンネルやふろ場でも、同じように、音がひびいて聞こえることがあります。

音は、空気がふるえることで伝わります。そのふるえが山やかべにぶつかると、はね返ってまた空気をふるわせながらもどってきます。これが山びことして聞こえるわけです。

音のはね返りは、かたいかべであるほどよく起こります。逆に、かべをスポンジなどやわらかいものにすると、音のはね返りが弱まって吸収

されてしまうのです。

ところで、運動会などで、何台かあるスピーカーから流れる音声が、ずれて聞こえたことはありませんか。

音のふるえは、水面にできる輪のように、音を出したところを中心に円をえがいて広がり、中心に近い場所ほど、早く聞こえます。

つまり、近くにあるスピーカーと遠くのスピーカーから同時に同じ音が出ても、先に耳にとどくのは、近くのスピーカーからのもので、遠くからの音はおくれてしまうのです。

なお、音は、気温一五度の空気中を一秒間に約三四〇メートルの速さで進みます。山でさけんで、山びこが二秒で返ってきたら、行きに一秒、帰りに一秒かかったことになり、向こうの山までは一秒分、つまり約三四〇メートルはなれていることがわかります。

おはなしクイズ 音は、空気中を一秒間にどのくらいの速さで進む？

19ページのこたえ ヨーグルト

ものはどうして上から下に落ちるの？

ものにはたらく力を研究し、科学の世界を発展させた人がいます

ニュートン

一六四二年、アイザック・ニュートンは、イギリスの小さな農村で生まれました。

ニュートンは、ひとりで、もの思いにふけることが多く、目にふれるふしぎなものに対して、「どうして、こうなるのだろう？」と、考えこむことがよくありました。

そして、自分の知らないことを、もっと知りたい、もっと勉強したいと思うようになったのです。なんでも勉強して知識をたくわえ、自分で実験をすることもありました。

そして、ニュートンは、イギリスのケンブリッジ大学に進みました。けんめいに研究をつづけ、光と色についての研究や数学の法則の発見などを成しとげました。特に、「万有引力の法則」の発見は、科学の世界に大きな影響をあたえました。

ものが、上から下に落ちるのは、地球に「重力」という力によって、

よんだ■■■

伝記

引っぱられるためです。このことは、当時、すでに知られていました。

ニュートンは、「地球上のものだけでなく、地球から遠くはなれた月やほかの天体にも、重力がはたらいている」と考えました。そして、その考えが正しいことを計算で証明したのです。さらにそこから、「あらゆるものには、たがいに引っぱる力が存在する」という法則もみちびき出しました。これが、リンゴが落ちるのを見て思いついたといわれる、「万有引力の法則」です。

この法則は、ニュートンが発見したほかのいくつかの法則といっしょに、『プリンキピア』という本にまとめられました。

『プリンキピア』の登場によって、身のまわりに起こるいろいろな現象に説明がつくようになりました。数百年たった今でも、科学的な考え方の土台となっています。

おはなしクイズ ニュートンは、ものを引っぱる力があるのは地球だけだと考えた。〇か×か？

21ページのこたえ 約三四〇メートル

トイレに流したものはどこに行くの？

流れていった先で、集められてきれいに処理されます

　ジャーッと流すと、おしっこやうんち、トイレットペーパーまできれいに流してくれるトイレ。いったい、どこに流れていくのでしょう。

　トイレを流すときや、じゃ口をひねると出てくる水を、「上水」といいます。上水は、浄水場できれいにされてから、家などに運ばれます。

　いっぽう、使い終わって、トイレや排水溝に流される水は、「下水」といいます。それらはすべて、下水道を通って外へ流れていき、「水再生センター（下水処理場）」に集められます。そこでよごれをとってから、川や海にもどされるのです。

　わたしたちのおしっこやうんちに

は、いろいろなばい菌がふくまれています。そのため、おしっこやうんちをそのまま流すと、川や海の水をよごす原因になります。

川や海には、けんび鏡でやっと見えるくらいの微生物がいて、水の中のよごれを食べます。よごれがひどいと、よごれを食べるときにたくさんの酸素を使うので、水の中が酸素不足になり、魚などの生きものが死んでしまうことがあります。その死んだ生きものがくさることで、さらに水がよごれるのです。

昔は、よごれた水もすべて、川や海にそのまますてていたので、ばい菌がはんしょくし、伝染病が発生することも少なくありませんでした。

さて、水再生センターに着いた下水は、まず「ちん砂池」に流れ着きます。ここは、しずみやすい大きな砂やごみを取りのぞく場所です。大きなごみが取りのぞかれた下水は、つぎに、プールのようなところへ運ばれます。ここでは、プールにためた下水をゆっくりかきまわし、細かいごみをしずめて取りのぞきます。プールは細かく分かれていて、段階を追って、少しずつ下水の中のよごれがうすめられていきます。

つぎのプールでは、微生物が活や

23ページのこたえ ×

くします。下水の中のよごれを食べ、食べた重みでプールの底にしずみ、よごれを取りのぞいてくれるのです。この微生物がよくはたらいてくれるように、機械を使って、水をかきまぜながら空気を送りこみます。

いくつものプールでごみが取りのぞかれ、きれいになったように見えても、まだまだ、きれいな水とはいえません。目に見えないばい菌がまざっているので、最後に、薬で消毒します。プールの水を消毒するときなどにも用いられる「塩素」が使われますが、環境を考えて、薬ではなく、紫外線やオゾン*を利用して消毒する方法も開発されています。

こうして、水再生センターできれいになった水は、川や海に流されます。たくさんの手間をかけて、よごれを取りのぞいてから、また自然にもどすしくみになっているのです。

では、取りのぞかれたごみは、どこに行くのでしょうか。それらは、ごみ処理施設に送られてもやされ、灰にされてうめ立てられたり、肥料やレンガの材料として再利用されたりします。最近では、炭のようにかためられ、火力発電所で電気を起こす燃料にも使われているそうです。

水再生センターでは、このように、

*オゾン…大気中にわずかに存在する気体で、高い殺菌力がある。

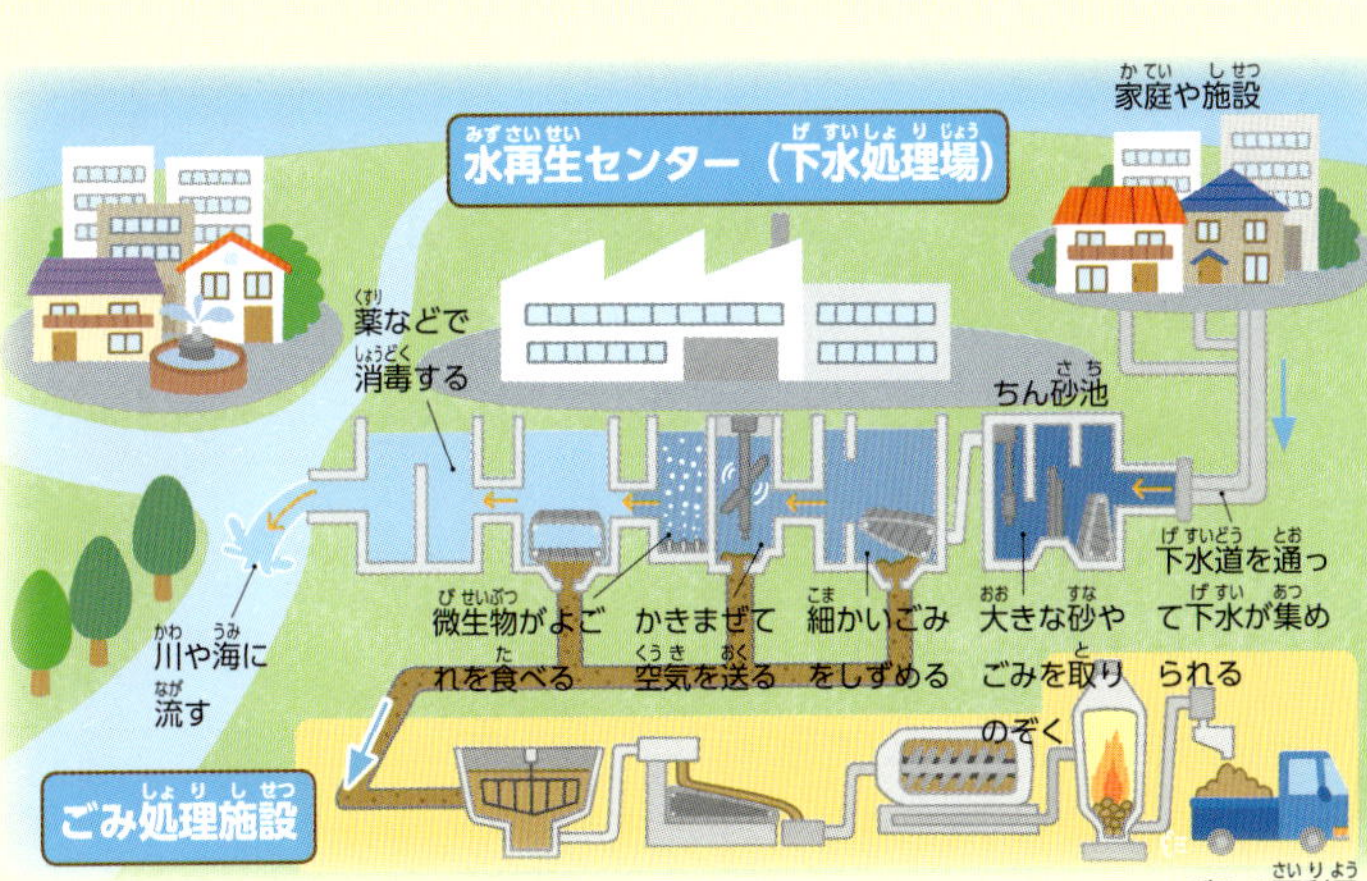

水をきれいにするだけでなく、取りのぞいたごみも有効活用できるようにくふうしています。ただ、水再生センターにも、苦手なものがあります。それは、油です。

油は水にとけないので、下水管にこびりついたり、分解するのに手間がかかったりするのです。油がかたまって、「オイルボール」という白いかたまりができることもあります。下水がつまる前に、わたしたちも、油をふきとってから皿をあらう、油を薬品でかためて石けんとして再利用するなど、なるべく下水に流さないようにくふうしましょう。

もやしはなぜ白いの？

ひょろひょろだけど、栄養満点の野菜です

もやしは、野菜のひとつです。でも、小さくてひょろひょろしているので、たよりなさそうな気もしますね。色が白くて、あまり外で遊ばない子どものことを「もやしっ子」などとよぶので、よけいにそう感じるのかもしれません。

とはいえ、いためものにしたり、ゆでてラーメンなどにたっぷり入れたりすると、シャキシャキとした歯ごたえがおいしい野菜です。

ビタミンCやカルシウム、アミノ酸、鉄分などの栄養もしっかり入っていて、貧血やかぜ、便秘の予防などに効果があります。

もやしは、大豆や緑豆、ブラックマッペといった豆を、光の当たらない、暗いところで育てたものです。豆が水をすいこむと、全体がふくらみ、芽が出てきます。一週間ほどで一〇センチメートルくらいの大きさになり、もやしのできあがりです。

よんだ■■■

食べもの

色が白いのは、暗いところで育てるため、植物が生長するのに必要な葉緑素ができないからです。葉緑素というのは、植物の葉やくきにある緑色の色素で、太陽の光を集めるたいせつな仕事をします。

ではなぜ、わざわざ暗いところで育てるのでしょうか。それは、植物は、暗いところだと、光を取り入れようとして、細胞のひとつひとつが大きく育つからです。もやしは細胞が大きくてしっかりしているので、あのシャキシャキとした歯ごたえが生まれるのです。

もやしを光のあるところで育てると、どうなるのでしょうか。

芽や根を出すところまでは同じです。その後、どんどん生長し、緑色の葉をしげらせ、りっぱに植物として育ちます。色の白いもやしにはなりません。

光のあるところで育てたもやし

暗いところで育てたもやし

おはなしクイズ
もやしを育てる場所はどんなところ？
㋐明るいところ　㋑暗いところ

27ページのこたえ　微生物

バターとマーガリンはどうちがうの？

見た目はとっても似ていますが……

見た目が似ているバターとマーガリンですが、じつは、まったくちがうものだと知っていましたか？

バターのおもな原料は、牛乳です。つくり方は、まず、機械で、牛乳からクリーム状の脂肪分を取り出します。

そのあと殺菌し、五度くらいの低温で冷やします。八〜十二時間ほどしたら、冷えたクリームを機械でいきおいよくかきまぜます。すると、脂肪のつぶはどんどんくっついて大きくなり、米つぶほどのバターのつぶができます。これをよく練り合わせてなめらかにし、かためます。

かためる前に食塩を入れると、パンなどにぬる有塩バターになります。ひと箱（約二〇〇グラム）のバ

＊だっ脂粉乳…牛乳から乳脂肪分を取りのぞいたもの。

ターをつくるのに、一リットルパック五本分以上の牛乳を使います。

いっぽう、マーガリンは、トウモロコシや大豆、紅花や菜種などの植物をしぼった油からつくります。魚などの動物性のあぶらや、ビタミンをまぜることもあります。

つくり方は、まず、原料の油に、*だっ脂粉乳や食塩などを入れてまぜ合わせ、油と水分がなじんだら、殺菌します。最後に、一気に冷やして、練りかためるのです。

マーガリンは、もともと、バターの代用品として考え出されました。百五十年ほど前のフランスで、戦争中にバターが不足したためです。当時は、牛乳に牛の脂肪をまぜてかためてつくっていたそうです。

このように、バターもマーガリンも脂肪分がたっぷりです。脂肪分は、とりすぎると血管のつまりや病気の原因にもなりますが、元気に活動するための、たいせつなエネルギー源でもあります。とりすぎに気をつけながら、おいしく食べたいですね。

トウモロコシ
紅花
大豆
マーガリン

おはなしクイズ　バターは、マーガリンの代用品としてつくられた。○か×か？

29ページのこたえ　㋑暗いところ

ほこりはどこから出てくるの？

わたしたちのまわりは、ほこりのもとになるものであふれています

しばらくそうじをしないと、部屋のすみやたなの上などが、うっすらと白くなりますね。これは、知らないうちにほこりがたまってしまったからです。

でも、毎日、きちんとそうじをしていても、ほこりは絶対に出てきます。ほこりは、いったい、どこから出てくるのでしょうか。また、なにでできているのでしょうか。

ほこりの正体は、わたしたちの身のまわりにある、あらゆるもののかけらです。かみの毛やあか、ふけにはじまり、ちり、糸くず、紙くず、食べかす、カビの胞子、ダニの死がいにふん、これらがみな、ほこりのもとになります。

ほこりのもとは、家の中にあるものだけではありません。空気中にただよう砂ぼこりや花粉、排気ガスなどは、開いた窓から、あるいは服にくっついて家の中に入り、ほこりに

よんだ ■■■

31ページのこたえ ×

なります。

ほこりが部屋のすみやたなの上に積もるのには、理由があります。人が歩けば、空気もそれに合わせて動きます。すると、床のほこりがまい上がり、空気の動きの少ない部屋のすみなどに落ちていくのです。たなの上には、高くまい上がった細かいほこりがたまります。

ちなみに、〇・〇〇一ミリメートルの大きさのわたぼこりの場合、空気中から一メートル下に落ちるまで九時間ほどかかり、積もる量は、人の数や季節によって変わります。

残念ながら、生活しているかぎり、部屋のほこりをすべてなくすことはできないのです。だからといって、ほうっておくと、アレルギーを引き起こす原因にもなるので、そうじをしないわけにはいきません。うまくそうじをするには、ほこりをまい上げないことがたいせつです。

ほこりには、水分が近くにあると、すいよせられて集まる性質があります。そのため、しめった茶*がらをまいてからほうきではくと、ほこりが茶がらにくっついて、かんたんに集めることができます。ぬらしたモップなどでふき取るのもいいでしょう。

＊茶がら…お茶をいれたあとの残りかす。

生活

ほこりをかんたんに集める方法

おはなしクイズ

ほこりが部屋のすみにたまるのは、なんの動きが少ないところだから？

ドアノブをさわるとパチッとするのはなぜ？

プラスとマイナスの「電気のつぶ」が関係しています

みなさんは、金属製のドアノブをさわったときに、パチッとして、思わず「いたたっ！」と手を引っこめたことがありませんか。それから、セーターをぬぐときに、パチパチッと音がすることもありますね。これらの現象は、静電気のせいで起こります。静電気とは、どういうものなのでしょうか。

すべてのものは、プラスとマイナスの「電気のつぶ」をもっています。人間のからだもそうです。このプラスとマイナスのつぶは、ふだんは同じ量で、バランスがとれています。

ところが、この量が変わることがあります。マイナスの電気のつぶには移動しやすい性質があり、ものとものがふれ合ったり、こすれ合ったりすると、電気のつぶがものの間を移動するのです。

こうして、プラスとマイナスのつぶのどちらかの量が多くなると、も

よんだ■■■

のにとってバランスの悪い状態になります。

特に、わたしたちのからだは、プラスの電気が多くなりやすい性質があります。プラスの電気がからだにたまると、もとの安定した状態にもどるために、マイナスの電気のつぶを引きよせようとします。

この状態で金属製のドアノブにさわると、ドアノブから手に向かって、マイナスの電気のつぶが流れこむのです。これが、静電気の正体です。

そのときのプラスとマイナスの電気のつぶの数が多いと、パチッと音がするだけでなく、火花が散ったり、光ったりすることもあります。

いたたっ!

パチッ

⊖（マイナス）の電気が、ドアノブから手に向かって一気に移動する

おはなしクイズ プラスの電気のつぶは移動しやすい。○か×か？

35ページのこたえ 空気

ボールはどうしてはずむの？

ボールがものにぶつかると、バネのような力がはたらきます

ものがなにかにぶつかると、ぶつかった力と同じだけ、反対向きに反発する力を受けます。

ピンポン玉のように軽いものは、ぶつかった力ではね返されるので、よくはずみます。鉄の球は重いので、同じ力でぶつかっても、それほどはね返されません。

重さのほかに、材質も関係しています。ボールがかべやものに当たると、つぶれた形になります。すると、もとのまるい形にもどろうとする、バネのような力がはたらいて、その力でかべやものをおし返します。これが、はずむしくみです。ゴムボールは、外側のゴムがのびちぢみするので、バネのはたらきが大きくなります。そのうえ、中の空気も、一度ちぢんでからもとにもどろうとする性質があるので、よくはねます。

スポーツで使われるボールは、重さや材質を調整し、はずみ具合を計

よんだ■■■

生活

37ページのこたえ ×

算してつくります。

たとえば、サッカーボールの内側には、空気がつまったゴム製のチューブがあります。このチューブは、やわらかなしばのグラウンド用には天然ゴム、かたい土のグラウンド用には合成ゴムが使われています。どちらの場所でも、ボールがはねる高さを同じにするためです。

一番外側は、正五角形十二まいと正六角形二十まいの革をぬい合わせてつくります。

天然の革を使うと、水をすいこんで重くなるので、水をはじく人工の革を使います。また、ぬい目から水がしみこまないように、特別な接着剤ではり合わせてつくる方法もあります。雨でも晴れでも、同じようにプレーするためのくふうです。

野球のボールは、かたいコルクのまわりに二種類のゴムをはり、そのまわりを太い毛糸、細い毛糸、綿の糸でぐるぐるまいて、牛の革をかぶせてぬい合わせます。

ところで、プロ野球では、「飛ぶボール」「飛ばないボール」がよく話題になります。野球のボールは、使う材料やゴムのはり方、糸のまき方が少し変わるだけで、はね返る力が変わります。使う革の質も、ピッ

チャーの投球に影響します。ほんのわずかなちがいでも、試合の結果に大きな差が出るので、公平に試合を行うために、ボールの調節はとてもたいせつな問題なのです。

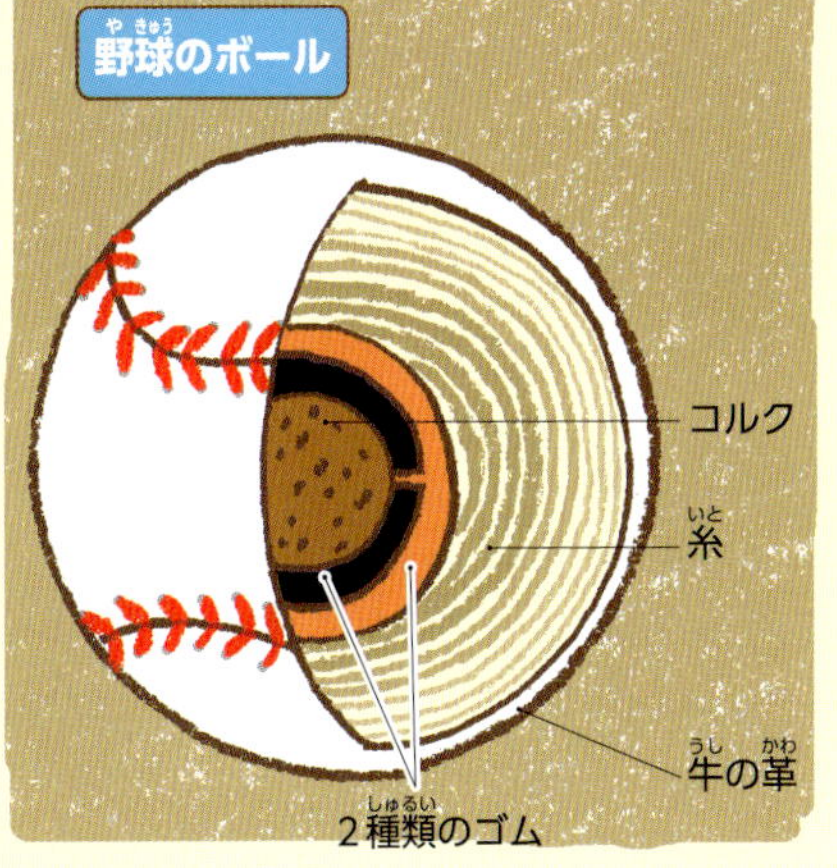

おはなしクイズ

ゴムボールは、一度ちぢんでからはね返る。○か×か？

江戸時代にもカレンダーはあったの？

太陽や月や星の動きをもとに、新しい暦がつくられました

渋川春海

江戸時代にもカレンダー（暦）はありましたが、今とちがい、月の満ち欠けをもとにしてつくられた「太陰暦」でした。これは、月が地球のまわりを一周する期間をもとに、「小の月」（一月が二十九日）と「大の月」（一月が三十日）を組み合わせた十二か月を一年としていました。

しかし、一年は約三百六十五日なので、それでは実際の季節とずれてきます。そこで、二～三年に一度、十三か月の年もつくっていました。

そのため、今が大の月なのか小の月なのか、今年が十二か月なのか十三か月なのか、それを知るにはカレンダーが欠かせなかったのです。

ところが、当時のカレンダーは、八百年以上も前に中国から伝わってきた暦をもとにつくられていたので、日食や月食の予報がはずれることがありました。

そこで、新しい暦が必要だと考え

よんだ■■■

た人がいました。渋川春海です。

春海は、一六三九年に、京都で生まれました。お父さんが囲碁の名人だったので、春海も子どものころから囲碁を教わります。天文学にも興味をもっていて、毎日、太陽や月や星を観察していました。七歳のころには、まわりの大人に、その動きを説明していたほどです。

そして、三十四歳のとき、「授時暦」という中国の新しい暦に変えるべきだと、幕府に意見書を出します。しかし、その暦が日食の予報に失敗したため、意見は聞き入れてもらえませんでした。

春海は、中国と日本では、地球上の位置がちがうことが失敗の原因だとつきとめました。そして、自分で観測をつづけて、日本に合うように授時暦を改良しましたが、しばらく採用してもらえませんでした。

一六八五年にようやく、春海の暦がみとめられ、当時の年号をとって「貞享暦」に変わりました。これが、日本人がつくった最初の暦です。

おはなしクイズ　江戸時代のカレンダーは、一年が十三か月のときもあった。○か×か？

41ページのこたえ　○

ゼリーはなぜプルプルしているの？

プルプルのもとになる材料は、意外なものからできています

ツルンとした食感で、のどごしがよいデザートのゼリーは、まず、なべに水と砂糖を入れて火にかけ、弱火でよくとかしてつくりはじめます。砂糖がとけたら、水でふやかしておいた粉ゼラチンを入れ、ふっとうしないように気をつけながら、よくかきまぜます。

少しさましてから、冷蔵庫に入れて二～三時間冷やせば、おいしいゼリーのできあがりです。

ところで、なぜゼリーは、あんなにプルプルしているのでしょうか。そのひみつは、材料に使った粉ゼラチンにあります。

ゼラチンは、たんぱく質をつくるもとになる「アミノ酸」という成分がたくさん集まってできています。アミノ酸はふつう、細長いくさりのような状態でつながっていますが、温度が変化すると、ちがった動きをするのです。

ゼラチンを熱いお湯でとかすと、アミノ酸はくさり状ではなくなり、自由に水の中を動きまわれるようになります。水のつぶも自由に動くので、ゼラチンは、トロトロの状態です。

つぎに、とかしたゼラチンを冷やすと、アミノ酸がふたたびくさり状に結びつき、水のつぶが間にとじこめられて動きがにぶくなります。このとき、ゼラチンはプルプルのゼリー状です。この、アミノ酸と水のつぶの動きの変化が、ゼリーがプルプルするひみつです。

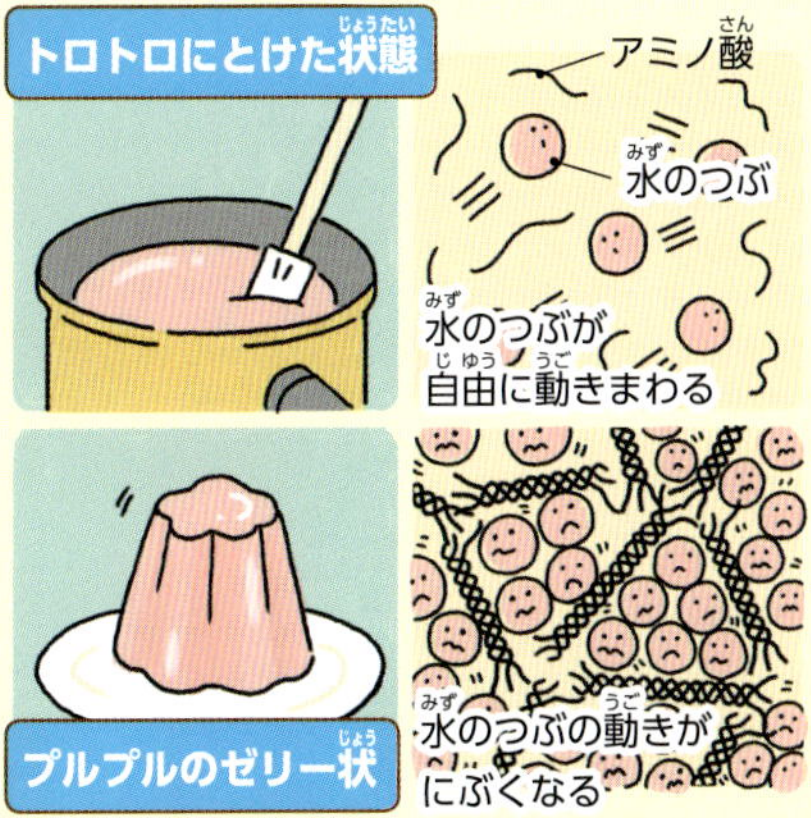

さて、ゼリーをプルプルさせているゼラチンですが、なにからできているか知っていますか？　じつは、牛やブタなどの動物の骨や皮を煮こんだ「コラーゲン」を取り出したものです。コラーゲンはたんぱく質の一種で、健康にいい食べものです。

おはなしクイズ
ゼラチンは、なにからできている？
㋐動物の骨や皮　㋑植物　㋒こんにゃく

43ページのこたえ　○

ピーマンはなぜ苦いの？

緑色のピーマンも、生長するとあまくなります

ピーマンと似た、「パプリカ」という野菜を知っていますか。

おもにヨーロッパで栽培されていて、赤や黄、オレンジ、白、むらさき、黒などの色があり、とてもカラフルです。ピーマンのように苦くなく、あまい味がします。

じつはピーマンも、育てつづけると、パプリカのように赤くなります。パプリカとは品種がちがいますが、生長したピーマンは「赤ピーマン」とよばれ、苦みがとれて、あまくなります。また、赤ピーマンは、ふつうのピーマンの倍以上も「カロテン」という栄養素がふくまれています。つまり、ふだん食べているピーマンは、まだ熟していないうちに収穫されたものなのです。

緑色のピーマンを切ると、中に白い種が入っていますね。これは、種の赤ちゃんです。この種が黒くなるころに、実も赤く熟します。そして、

動物たちに食べられて、種を遠くに運んでもらうのです。

ところが、種が完成しないうちに食べられると、種は死んでしまいます。ですから、種が赤ちゃんのころは実も緑色で、食べてもおいしくないように、苦みの成分をふくんでいるのです。

さて、みなさんはピーマンが好きですか？　少し苦いけれど、ビタミンCなどの栄養がたっぷりのピーマン。油でいためると、苦さのもとになっている物質がとけて、とても食べやすくなります。ぜひ一度、ためしてみてください。

おはなしクイズ ピーマンを育てつづけると、パプリカになる。○か×か？

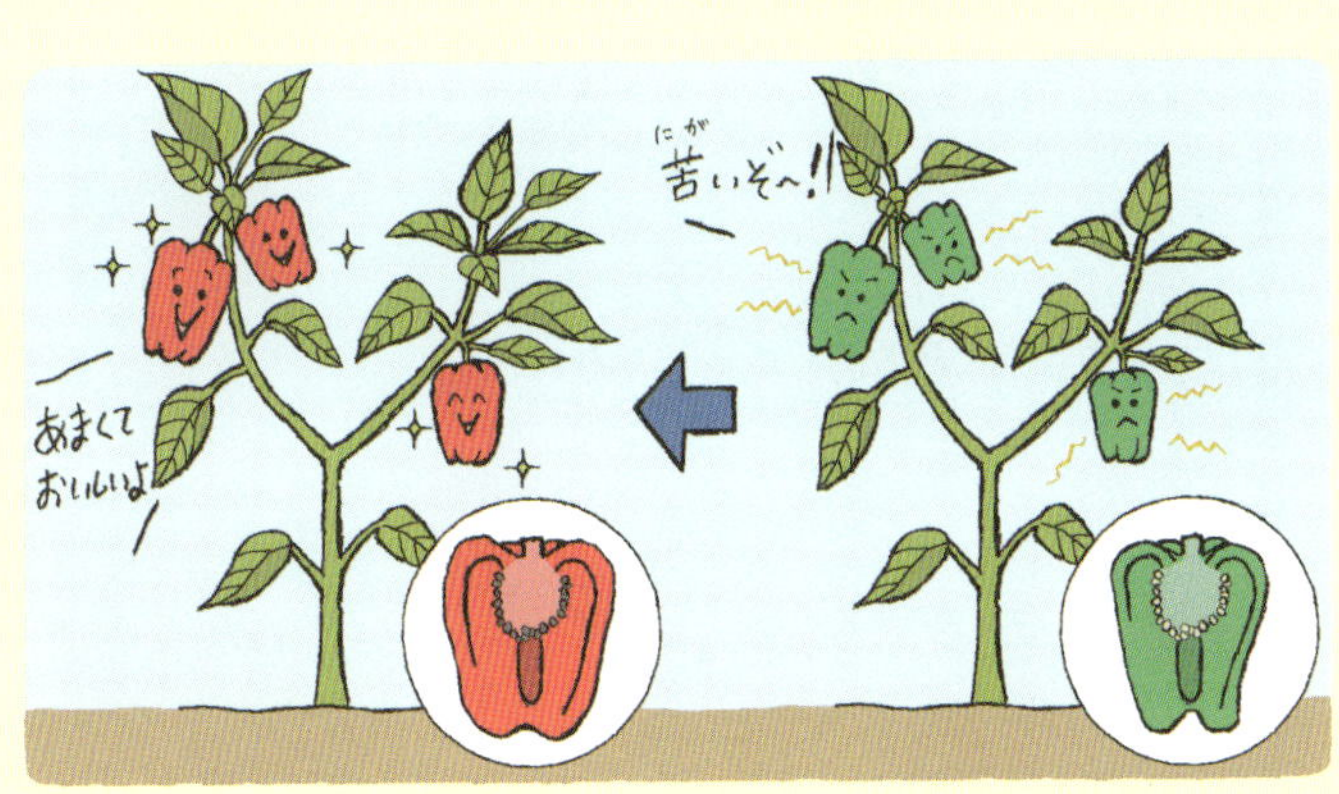

種は黒っぽくなり、実も赤くなる

種は白っぽく、実は緑色

45ページのこたえ　㋐動物の骨や皮

自分でふくらませた風船は、なぜ飛んでいかないの？

気体は種類によって重さがちがいます

遊園地などでもらう風船は、ふわふわうかんで、うっかり手をはなしたら飛んでいってしまいますね。でも、自分でふくらませた風船は、どうして飛ばないのでしょう。

これは、風船をふくらませている「気体」にちがいがあるからです。

気体は色もなく透明なので、ふだんはあるのかないのかも、あまり気になりません。でも、じつはいろいろな種類があり、重さや性質もさまざまです。

空にうかぶ風船は、「ヘリウム」というガスを入れてふくらませてあります。ヘリウムは、わたしたちをとりまく空気とくらべて、重さが七分の一ほどの軽い気体です。ヘリウムをつめた風船は、空気よりずっと軽いので、空にうかぶのです。

このヘリウムよりもさらに軽い気体に「水素」があり、昔は飛行船を飛ばすのにも使われていました。し

よんだ■■■

かし、水素はもえやすくきけんなので、おもにヘリウムが使われるようになりました。

　それに対して、自分でふくらませる風船には、口からはく息がつまっていますね。わたしたちをとりまく空気は、おもに「ちっ素」「酸素」「二酸化炭素」という気体でできています。

　わたしたちは空気にふくまれる酸素を取りこみ、二酸化炭素を出すことで、呼吸をしています。そのため、すった空気とはいた息とでは、はいた息のほうに二酸化炭素が多く入っています。この二酸化炭素は、空気の約一・五倍の重さがあるので、空気よりも息のほうが重たいのです。

　それで、自分でふくらませた風船は、飛ばずに落ちてしまうわけです。

おはなしクイズ 空気より重い気体は、つぎのうちどれ？
㋐水素　㋑ヘリウム　㋒二酸化炭素

47ページのこたえ ×

電線にとまっている鳥は感電しないの？

電気が流れていても平気なのでしょうか

電線は、わたしたちの家に電気を運ぶ電気の道です。その中には電気が流れているのに、電線にとまっている鳥をよく見かけますね。なぜ感電しないのだろうと、ふしぎに思った人も多いことでしょう。

町中を通る電線は、安全のために、電気を通さないビニールなどのカバーでおおわれています。ですから、鳥がとまっても感電することはありません。

しかし、太陽の光や雨、風などでカバーが少しずついたんでいくと、電気を通してしまうことがあります。また、場所によってはカバーのない電線もあります。そこへ鳥がとまるのはあぶない気がしますね。

じつは、鳥が一本の電線にとまっているだけなら、感電はしません。電気は、別の通り道がなければ、電線の中を通るだけだからです。

しかし、二本の電線に片足ずつと

まったり、別の電線にいる鳥とくっついたりすると、一本目の電線から二本目の電線に、電気の通り道ができます。つまり、直接的でも間接的でも、二本の電線にさわった鳥は感電してしまうのです。

人間の場合は、鳥より気をつけなければなりません。わたしたちは飛ぶことができないので、足が地面についています。地面は電気の通り道になるので、わたしたちが電線にさわると、一本でも感電する可能性があるのです。

「電線は、高くてとどかないからだいじょうぶ」と、油断するのはきけんです。たとえば、電線に引っかかったものを、長いぼうなどを使って取ろうとし、感電することがあるからです。

もし、電線になにかを引っかけたら、まず、その場からはなれましょう。そして、大人に電力会社の人をよんでもらってください。

おはなしクイズ 二本の電線に片足ずつとまった鳥は、感電する。○か×か？

49ページのこたえ ㋒二酸化炭素

メートルってどうやって決めたの？

もとになっているのは、大きな大きな地球です

「一メートルもある大きな魚」「身長が一センチメートルのびた」などと、長さを単位であらわしますね。こういった単位は、いつ、だれが決めたのでしょうか。

昔、ものの長さをあらわすときは、からだの一部を使っていまし

ものの長さをあらわすからだの部分の例

1ヤード
手を広げたときの指先から顔の鼻先までの長さ

1インチ
親指のつけ根の幅

1フィート
足のつま先からかかとまでの長さ

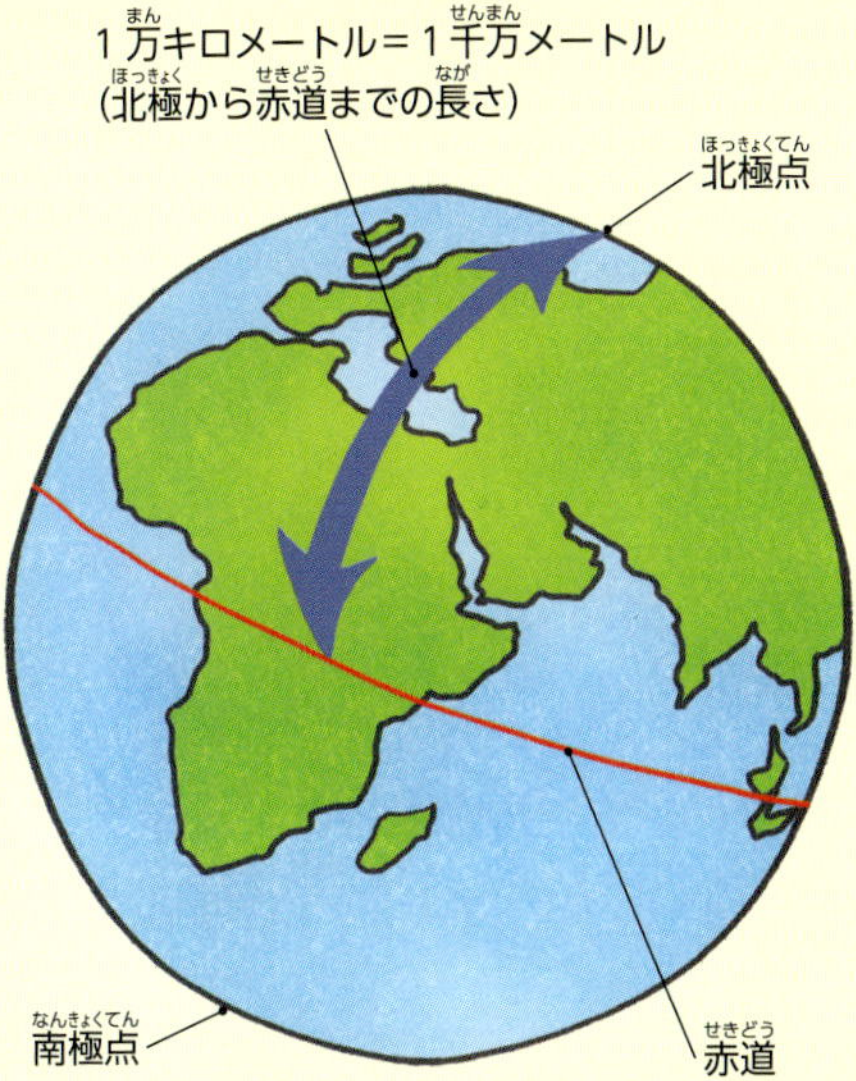

1万キロメートル＝1千万メートル
（北極から赤道までの長さ）
北極点
南極点
赤道

た。指を広げた長さ、両手を広げた長さ、足のつま先からかかとまでの長さなど、それぞれの国で、それぞれのはかり方がありました。

でも、国と国との行き来がさかんになると、それでは不便です。そこで、世界中、みんなで使える「メートル法」をつくろうという意見が出されました。十八世紀のフランスの、タレイランという人の意見です。

北極点から赤道までの長さをはかって、その一千万分の一を一メートルと決めました。でも、昔の技術では、地球をはかるのはたいへんなことです。さらに、それまでのやり方を変えたくない国もあって、メートル法が各国で

51ページのこたえ ○

取り入れられるまでに、八十年以上もかかりました。

メートル法を取り入れた国には、「メートル原器」という一メートルの長さの金属のぼうがありました。ただ、現在は、決められた時間に光の進む長さをもとにして決めるようになったので、メートル原器は使われていません。

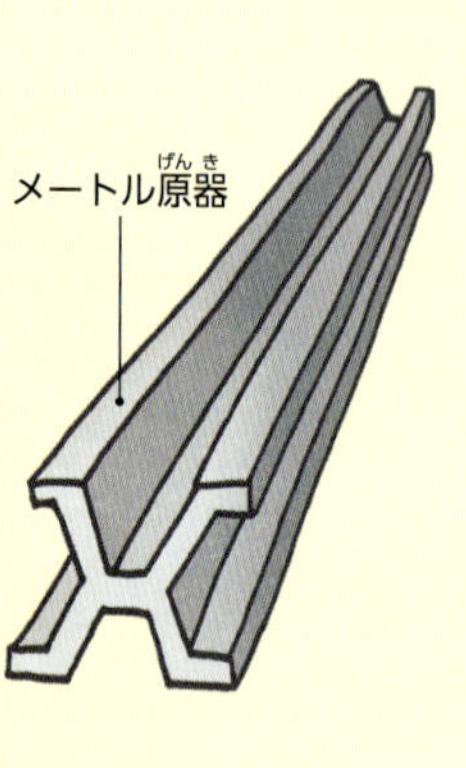

そして、一メートルの百分の一を一センチメートル、千分の一を一ミリメートル、千倍を一キロメートルとしました。

体積や重さの単位も、メートル法をもとにして決められました。たて、横、高さが、それぞれ一〇センチメートルの入れものに水を入れて、その量を一リットル、重さを一キログラムと決めたのです。

今では、メートル法はアメリカなどのいくつかの国をのぞいて、世界のほとんどの国で正式な単位として使われています。世界中に広がったのは、メートル法が便利でわかりやすかったからです。

日本も、明治時代にメートル法を取り入れましたが、それまでに使いなれた「尺」「寸」などの単位は長く残っていました。

一九五一年に法律で決められてからは、正式な取引などではメートル法を使うようになっています。でも、和室の広さをいうときに「六畳の和室」といったり、お米の量をいうときに「三合」や「一升」とあらわすなど、昔ながらの日本独特の単位を使うこともあります。

納豆はどうしてネバネバするの？

ほかに、糸を引く食べものを見たことがあるでしょうか

　納豆は、大豆からできています。大豆は「畑の肉」とよばれるくらい、たくさんのたんぱく質やビタミンをふくんだ豆です。

　納豆をつくるときは、大豆をむし、熱いうちに水にとかした「納豆菌」をつけてパックに入れるか、納豆菌のついた＊稲わらでつつみます。

　納豆菌は微生物の一種で、「ビフィズス菌」や「乳酸菌」などと同じように、わたしたちのからだにとって

＊稲わら…稲のもみを取ったもの。

いいはたらきをしてくれる菌です。

大豆に納豆菌をつけたら、菌が活動しやすいようにあたたかいところに置いておきます。すると、納豆菌が大豆にふくまれる栄養分を食べて、どんどんふえていきます。このはたらきを、「発酵」といいます。

納豆菌が発酵するときにつくられるのが、「ポリグルタミン酸」という物質で、納豆のネバネバの正体です。ポリグルタミン酸は、くさりのように長くつながった物質のため、引っぱられたときに糸を引いて、ビヨーンとのびます。

ポリグルタミン酸は、うまみ成分であるグルタミン酸が長くつながったものです。よくかきまぜて、うまみ成分を出してから食べると、よりおいしくなります。

また、ネバネバの成分は、うまみのほかに栄養面でもすぐれています。カルシウムの吸収を助けたり、胃や腸を通りやすくして消化をうながしたりします。

材料の大豆はもちろん、発酵させることで出るネバネバにも、たっぷりの栄養とおいしさがつまっている納豆は、成長期に進んで食べたい、すばらしい食べものなのです。

おはなしクイズ　大豆は、たんぱく質やビタミンなどの栄養が豊富なことから、なんとよばれる？

55ページのこたえ メートル原器

ためしてみよう

バターをつくろう！

生クリームを使って、手づくりバターをつくってみましょう。

1 よく冷やした生クリーム（200ミリリットル）をびんに入れ、ふたをして10分以上はげしくふりつづける。

生クリームが温まってしまったら、とちゅうで冷やすか、保冷剤があればびんに当ててタオルでくるもう。

ゴムべらやスプーンで。

2 生クリームが水分とかたまりに分かれたら、水分を別の容器にうつす。かたまりに塩を少し入れて味見し、なめらかになるまでよくまぜたら、できあがり。

パンやホットケーキなどにぬって、おいしく食べましょう！

生クリームは乳脂肪率40パーセント以上のものを使いましょう。また、❷で出た水分は「バターミルク」といって、そのまま飲んだり料理に利用したりできます。手づくりのバターは、つくった日に食べきりましょう。

2章
生きもののなぜ？

タコのすみとイカのすみはどうちがうの？

さらさらしたすみと、ネバネバするすみがあります

　タコやイカが黒いすみをはくことは、よく知られていますね。あれは、敵におそわれそうになったとき、自分の身を守るためにはくのです。しかし、タコとイカのすみの性質は、似ているようでちがっています。

　タコもイカも、すみはからだの中の「すみぶくろ」でつくられ、ここにたくわえられています。そして、いざというときに「ろうと」とよばれる部分から外へはき出されます。

　このろうとを口だと思っている人が多いのですが、じつは、そうではありません。ろうとは、すみだけでなく、からだの中のいらないものやたまごなどを外に出す器官です。すいこんだ海水をろうとからいきおいよくふき出して、空中を飛ぶことができるイカもいます。

　タコのすみはさらさらしていて、海の中ではくと、ぱーっとけむりのように広がります。これで敵の目を

よんだ■■■

くらませて、そのすきににげるのです。また、タコのすみには、敵の感覚をマヒさせる効果があるともいわれています。

いっぽう、イカのすみには、ネバネバする成分がふくまれているため、海の中ではいても、タコのすみのようには広がりません。すみがねばっこいかたまりのままただようので、敵の目には、まるでイカがふえたように見え、ごまかされるというわけです。また、イカの中でも、光のとどかない真っ暗な深海にいるイカは、黒いすみのかわりに光る液体を出して、敵をおどかします。

ろうと

ろうと

おはなしクイズ イカのすみはネバネバしているけれど、タコのすみはどんな感じ？

57ページのこたえ 畑の肉

犬はどうしてしっぽをふるの？

パタパタとしっぽをふる様子は、元気でかわいらしいですね

　犬は人間の言葉を話せませんが、鳴き声や表情、からだ全体を使って気持ちをあらわします。とりわけ、しっぽはとてもおしゃべりです。犬は、しっぽを使って、どんなメッセージをわたしたちに伝えているのでしょうか。

　楽しいときやうれしいとき、あまえたいときに、犬はいきいきと元気いっぱいに、いきおいよく左右にしっぽをふります。おしりもいっしょに

よんだ 

くねくねしたり、前足をパタパタさせたりして、まるで、「わーい」とはずんだ声が聞こえてくるようです。

いっぽう、しっぽをゆっくりふっているときは、なにかに用心しているのかもしれません。犬の様子をよく観察してみましょう。首から尾にかけての毛がさか立っていたり、犬歯（きば）を見せたりしている場合は、相手を敵だと考えています。こういうときは、むやみに近づかないほうがいいでしょう。

しっぽをふらずに真上に上げて、落ち着いた様子のときは、自信にあふれた気持ちでいます。逆に、こ

61ページのこたえ さらさらしている

わがっているときやいやなときは、しっぽを下げて、うしろ足の間に入れることもあります。そして、耳をたおして頭を下げ、からだ全体もちぢこめて、びくびくとおびえた様子を見せます。

このほか、ねころんで、おなかを見せているときは、服従の気持ちをあらわしています。自分のほうが相手よりも力が弱くて、下の立場にあることを、こうして伝えているのです。

犬のしっぽは、背骨からつながっていて、先にいくにしたがって細くなっています。パタパタとよく動くのは、小さな骨がたくさんつながっ

ているからです。

動物のしっぽには、もともと、からだのバランスをとる役目や、からだにまきつけてからだを温める役割がありますが、犬はコミュニケーションの道具として、しっぽを使っています。

犬の祖先のオオカミは、むれでくらす生きものです。むれの中には、リーダーを中心とするはっきりとした上下関係があり、関係の安定や情報交換のために、さかんにコミュニケーションを取り合います。このようなオオカミの習性を、犬も受けついでいるのですね。

おはなしクイズ
犬のしっぽは、小さな骨がつながってできている。○か×か？

鳥はなぜ空を飛べるの？

からだ全体のつくりと、羽毛にひみつがあります

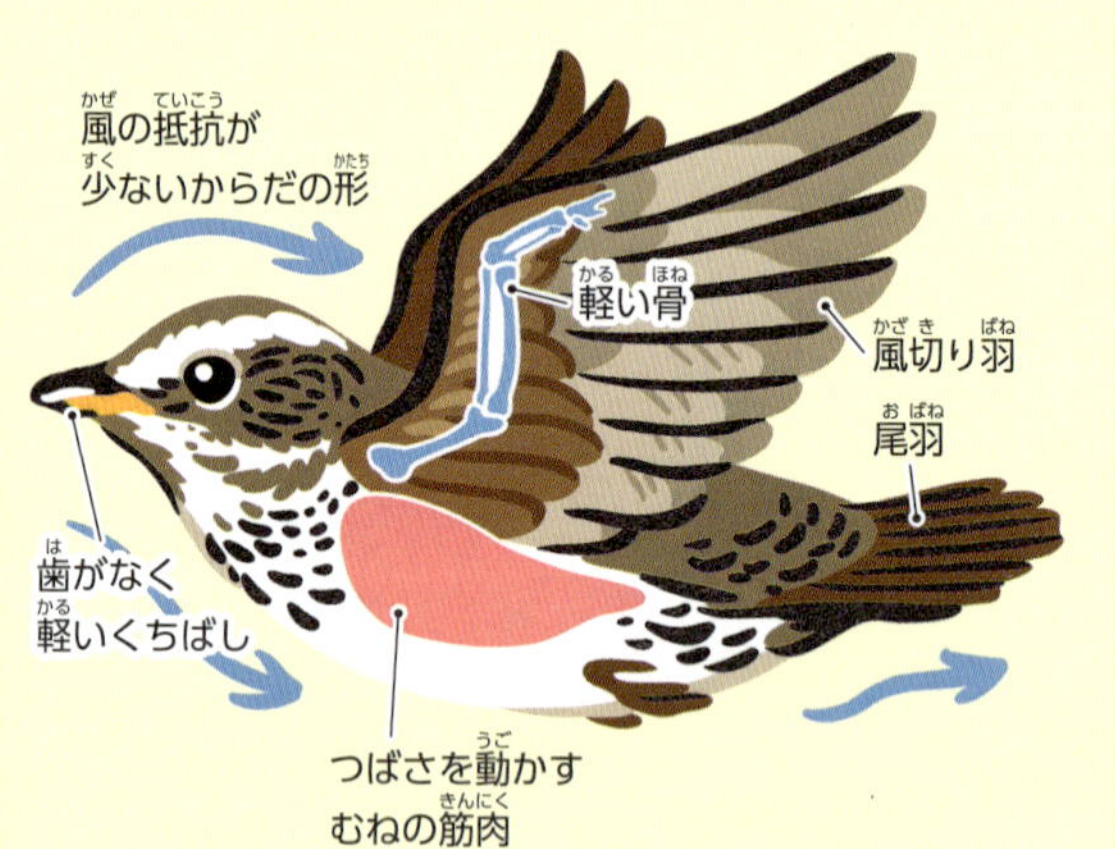

みなさんは、鳥のように空を飛べたら、どんなに気持ちがいいだろう、と思ったことはありませんか。

鳥のほとんどは、つばさを使って空を飛びます。鳥のからだは、空を飛ぶのにぴったりなのです。

まず、犬やネコなどの前足にあたる部分は、つばさになっています。その、つばさをはばたかせるむねの筋肉はとても発達しています。さらに、筋肉をささえるむねの骨が大き

よんだ ■■■

く、じょうぶにつくられています。はばたく力に加えて、空中にうき上がりやすいように、からだ全体が軽いつくりになっています。

たとえば、全身の骨の中は、空どうになっています。歯がないぶん、くちばしの中は軽くなります。また、腸が短いので、食べたものをからだにためず、こまめに外に出します。さらに、肺には「気のう」という空気のふくろがついていて、からだを軽くすると同時に、呼吸を助けます。

全身をおおっている羽毛は表面がなめらかで、何まいも重なるようにびっしりとならんで生えています。

これによって空気の流れをよくし、風の抵抗をへらしているのです。

飛ぶために使われる羽毛は、特に長くてじょうぶにできています。羽毛のなかで、飛ぶことに直接関係しているのが、「風切り羽」と「尾羽」です。

風切り羽は、からだをうき上がらせたり、前に進んだりする力を生みだします。尾羽は、かじやブレーキのはたらきをします。

はばたいてまっすぐに飛ぶ鳥、波形をえがいて飛ぶ鳥、風を利用してつばさを広げたまま飛ぶ鳥など、鳥によって飛び方はさまざまです。

おはなしクイズ
犬やネコなどの前足にあたる部分は、鳥のどの部分？

65ページのこたえ ○

花がいいにおいなのはなぜ？

いいにおいを出すと、どんないいことがあるのでしょうか

花屋さんにならんでいる花や、花だんに植えてある花の多くは、とてもいいにおいがします。いったいなぜ、いいにおいがするのでしょうか。

ふつう、花の中心にはおしべとめしべがあり、おしべの花粉がめしべにつくことで、種ができます。このように、花粉がめしべにつくことを、「受粉」といいます。そして、同じ花や同じ株の中で受粉するのが「自家受粉」です。

植物のなかには、自家受粉ではなく、ほかの花からもらった花粉でしか受粉できない種類があります。そのような受粉のしかたを、「他家受粉」といいます。

他家受粉をする植物は、花粉を運んでもらうために、風や虫、鳥など、さまざまなものを利用します。特に、虫や鳥に花粉を運んでもらう植物は、それらをひきつけるために、花びらがきれいな目立つ色をしてい

よんだ ■■■

たり、あまいみつや、いいにおいを出したりします。色やみつ、においにさそわれて、虫や鳥たちが花に集まってくると、からだに花粉がつきますね。からだに花粉のついた虫や鳥たちが、花から花へとつぎつぎに飛びまわることで、受粉が行われるのです。

つまり、花のいいにおいは、花粉を運んでもらい、子孫を残すためのくふうというわけです。

自家受粉する植物は、虫や鳥を利用する必要がないため、きれいな花やあまいみつ、いいにおいを出すしくみをもつ種類は少なく、見た目も派手ではありません。

おはなしクイズ
おしべの花粉が、めしべにつくことをなんという？

67ページのこたえ つばさ

海の魚は川にすめないの？

海と川には、どんな魚がすんでいるでしょう

海の魚と、川やみずうみの魚には、どんなちがいがあるのでしょう。

海にすむ魚を、「海水魚」といいます。生きもののからだには、からだの中に長くつかっていると、塩水の水分がどんどん外に出ていく性質があります。しかし海水魚は、塩分をたくさんふくんだ海水の中でも、自分のからだの中の水分がにげないようなしくみをもっています。

水をたくさん飲みこんで水分を補い、さらに、えらから塩分をすてたり、おしっこの量を少なくしたりして、からだから水分が出ていかないように調節しているのです。

いっぽう、川やみずうみといった真水にすむ「淡水魚」のほうは、水を飲むことはほとんどありません。塩分が少しもない真水に長くつかっていると、えらや皮ふを通して、自然と水分が入ってくるためです。

入ってきた水分は、おしっことし

よんだ ■■■

てどんどん外に出して、からだがふやけるのをふせぎます。

このように、海水魚も淡水魚も、からだの中の水分を調節するために、それぞれちがったしくみをもっています。ですから、多くの魚は、海水か淡水のどちらかにしかすめないのです。

けれども、海水でも淡水でも生活できる魚もいます。たとえば、サケは川で生まれ、海にくだって成長し、たまごをうむためにま

69ページのこたえ 受粉

た川にもどります。アユも同じです。

ウナギは反対で、たまごをうむために海にくだって、成長するのは海と川のさかい目の河口近くなどです。

このように、海と川を行き来する魚は、えらなどに、からだの中の塩分を調節するしくみをもっています。

ほかにも、水さえあればどこにでもすめる、すごい魚がいます。

それは、ハゼです。海水と淡水の両方にすめるだけでなく、種類によっては、水辺のどろや砂の中でくらしているものもいます。

ハゼは種類が多く、同じ仲間でも、見た目や特徴が全然ちがうことがあります。いずれにしても、からだを進化させることで、まわりの環境に合わせてくらせるしくみをつくってきたのですね。

おはなしクイズ
淡水魚は、からだがふやけないように、どんどんおしっこを出す。○か×か？

ネコの舌がざらざらしているのはどうして？

味にうるさいネコの舌にかくされたひみつとは……

ネコの舌を見たことがありますか。細かいとげとげがびっしりならんでいて、さわるとざらざらしているのがわかります。

ざらざらの正体は、舌にびっしりと生えた突起で、二百本から三百本ほどあります。ライオンやトラなど

ネコの仲間は、みんなこのざらざらした舌をもっていて、食事のとき、肉を骨からそぎ落とすのにたいへん役に立ちます。

水を飲むときも、ざらざらのおかげですくいやすく、じょうずに口に運ぶことができます。

最近の研究によれば、ネコの舌は、あま味を感じることが少ないそうです。あま味は、おもに植物性の食べものから生まれるものであり、肉食

よんだ ■■■ 

動物のネコは、進化の過程であま味を感じる器官が退化したのだと考えられています。そのかわり、ネコの舌は苦味や酸味をするどく感じるため、大好物の肉がくさっていないかどうかを区別することができます。

また、舌のざらざらは、ブラシの役目も果たします。ネコは、からだを舌でなめて、毛づくろいをしているのです。

このように、生きもののの舌を観察してみると、それぞれのからだや食生活に合ったはたらきをしているのがわかります。

犬は、舌を出して体温の調節をしています。カメレオンは、先のほうがべたべたした、のびちぢみする舌で、遠くの獲物をつかまえます。ヘビは、舌を出すことで、周囲のにおいや温度差を感じとっています。

ブラシのように使い、毛づくろいをする

スプーンのように水をじょうずにすくう

おはなしクイズ
ネコの舌には、びっしりと突起が生えている。○か×か？

73ページのこたえ ○

いろいろな生きものがいるのはなぜ？

ダーウィンはガラパゴスの島じまで、ある考えにたどりつきました

ダーウィン

よんだ ■■■

チャールズ・ダーウィンは、一八〇九年にイギリスで生まれました。

子どものころから好奇心がだれよりも強く、貝がらや昆虫などを集めて、観察するのが大好きでした。

大人になってからも、ダーウィンは、生きものや岩石、化石などの調査に夢中で取りくみます。

ある日、思いがけないさそいが飛びこんできました。

「世界をめぐる旅に、行く気はないかね？」

通っていたケンブリッジ大学の先生が、ビーグル号という調査船のメンバーに、ダーウィンをすいせんし

伝記

てくれるというのです。世界中のさまざまな生きものを観察し、調査をするチャンスでした。

「もちろん、行かせてください！」

一八三一年。ダーウィンは大よろこびで船に乗りこみます。

ビーグル号は五年をかけて、世界中のいろいろな土地をめぐりました。

出発から約四年がすぎたころ、ビーグル号は、ガラパゴス諸島に到着します。太平洋にうかぶ小さな島がいくつも集まった場所です。この島じまは近くにあるにもかかわらず、気候や気温がそれぞれちがい、生えている植物もさまざまでした。

「このカメは、あそこの島のカメで、こっちは、あのおくの島にいるカメだな」

あるとき、ダーウィンがつかまえたゾウガメを見て、島の人が言いました。

「どのカメが、どの島にいたのか、わかるのかい？」

ダーウィンがおどろいて聞くと、島の人たちはうなずきました。その島のカメにしかない特徴があって、それで見分けられるというのです。

「なぜ、同じカメなのに、ちがいがあるのだろう」

75ページのこたえ　○

ダーウィンは、この発見をきっかけにして、ひとつの考えにたどりつきました。「生きものは、それぞれの環境に合わせて、生きていきやすいように変化していく」ということです。環境は、いつも同じとはかぎりません。地震が起こったり、火山が噴火したりすれば、あっというまに変わってしまいます。

「まわりの変化に対応できなかったものは、死んでいったのだろう。でも、新しい環境に合わせて、自分たちのからだを進化させたものは、生きのびてこられたんだ」

そのころの世界では、すべての生きものは神さまによってつくられ、最初から今のすがたであると信じられていました。

ダーウィンも、世界を旅するまではそう信じていました。しかし、今はもう、自分の新しい考えのほうが正しいと思うようになりました。

「生きものは、少しずつ形を変えて進化しているんだ！」

この考えをまとめるために、ダーウィンは研究にはげみます。

そして一八五九年、およそ二十年もの研究のすえに、『種の起源』という本を出版したのです。

『種の起源』には、多くの批判がよ

せられました。今までずっと信じられてきたことがまちがっていたというのですから、世界中の人たちは、さぞおどろいたことでしょう。けれどもダーウィンは、決して研究をやめませんでした。

現在、ダーウィンの考えは多くの人に受け入れられ、進化生物学の基礎としてみとめられています。

休むことなく観察し、考えつづけることで、ダーウィンは世界を変えてみせたのです。

サボテンはどうしてとげだらけなの？

水分をにがさないようにするための、くふうなのです

ちくちくしたとげがあって、なんだかへんな形のサボテン。いったい、どんな植物なのでしょう。

みなさんの家でも育てているかもしれませんが、じつは、ほとんどのサボテンは、北アメリカ大陸と南アメリカ大陸がもともとの産地です。多くは、砂漠などの乾燥した土地に生えていますが、熱帯雨林や岩の上などで育つ種類もあります。

サボテンは、乾燥してあれた土地でも生きていけるように、くきが大きくふくらみ、そこに水をためておくことができるようになっています。このようなゆたかなくきをもつ植物を、「多肉植物」といいます。サボテン以外にも、アロエなどがよく知られています。

サボテンのくきの形は、太くて長いもの、うちわのようにまるくて平べったいもの、ボールのようにまるいものなど、いろいろあります。

では、サボテンの葉はどこにあるのでしょうか。じつは、サボテンについている「とげ」こそ、葉が変化したものなのです。

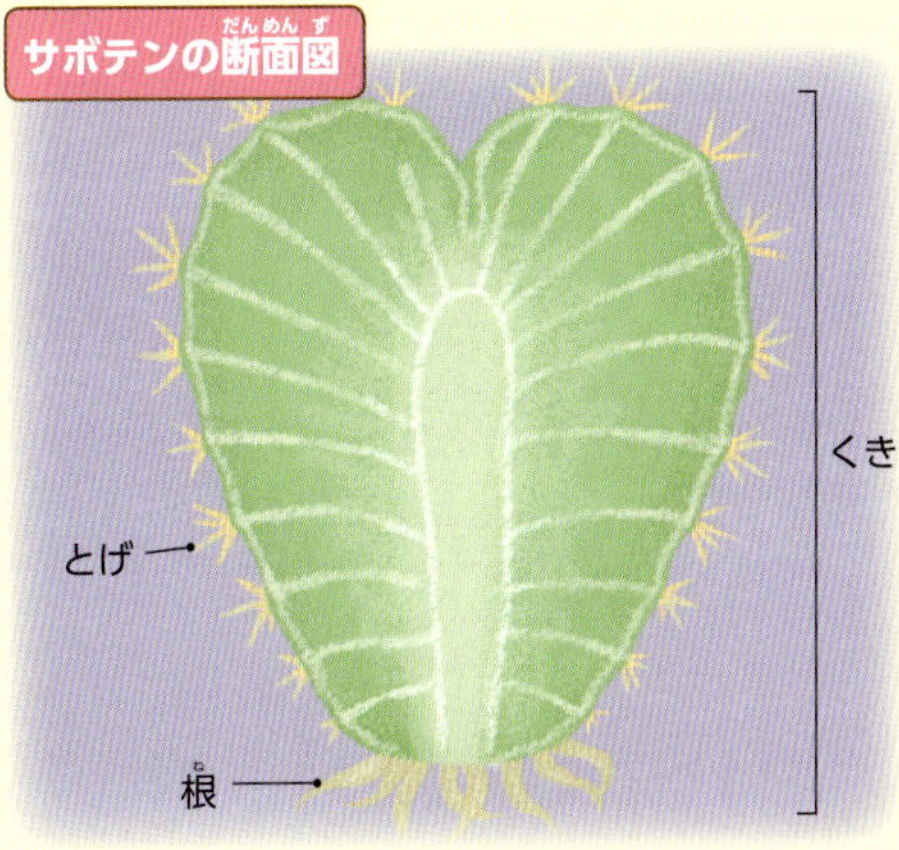

サボテンの断面図

くき
とげ
根

サボテンのとげは、乾燥した土地で、なるべく体内から水分をにがさないようなしくみになっています。

多くの植物の葉のうら側には、空気や水蒸気の通り道となる「気孔」とよばれるものがあります。しかし、サボテンのとげにはありません。サボテンの気孔はくきの表面にあり、夜だけ開くようになっています。気孔から水分が出ていかないように、数も少なめです。

また、サボテンのとげには、動物から身を守る役割があります。砂漠では、水分をもとめてサボテンを食べようとする動物がいるためです。

おはなしクイズ
サボテンのような植物をなんという？
㋐多肉植物　㋑果肉植物　㋒果実植物

79ページのこたえ 『種の起源』

魚はなぜむれで泳ぐの？

いっしょに泳いで、ぶつからないのでしょうか

水族館の水そうの中で、イワシやアジの大群が泳いでいるのを見たことがあるかもしれませんね。地球上には、およそ二万三千種の魚がいて、そのうち半分がむれでくらしているといわれています。なかにはイサキなどのように、からだが小さいうちはむれで泳ぎ、大きくなると、あまりむれをつくらない魚もいます。

魚がむれをつくる理由は、ひとつは小さな魚が身を守るため、もうひとつは、大きな魚が効率よく獲物をつかまえるためです。

小さな種類の魚や稚魚（子どもの魚）は、カツオやマグロなどの大きな魚の獲物になります。けれど、大きなかたまりのようなむれをつくることで、大きな敵の目をあざむくのです。

敵が近づくと、むれが、すばやく左右に分かれてはまたひとつのかたまりにもどるという動きをくり返し

魚

81ページのこたえ ㋐多肉植物

て、こうげきをかわします。敵に追いつかれたときは、ぱっと広がって散りぢりになります。敵は一瞬、どの魚を追いかければいいのかわからなくなるので、そのすきににげようというねらいです。

いっぽう、大きな魚は、むれをつくって大勢で追い回しておそうほうが、獲物をつかまえやすいのです。カツオは、小さな魚をむれでおそう魚ですが、同時に、カジキなどの、より大きな魚の獲物になります。そこで、カツオのむれは、世界最大の魚といわれるジンベイザメについて泳ぐことがあります。こうして大き

な魚のそばにいることで、敵から身を守っているのですね。

魚のむれに、リーダーはいません。シマウマやゾウなどのほ乳類が、むれをつくるのとは大きなちがいです。

リーダーがいないのに、同じ種類の魚だけで集まってむれをつくり、まるでだれかが号令をかけているかのように、いっせいに向きを変えて泳げるのはふしぎですね。

じつは魚は、からだから「フェロモン」というにおいの物質を出しています。このにおいに引きよせられて、仲間が集まるのです。

また、魚は、からだの両側に「側線」という器官をもっています。えらぶたの上あたりから尾にかけて、点線のように見える部分です。この側線上にあるうろこには、あながあいています。ここで、水の流れや圧力の変化を、びんかんに感じとります。

むれをつくる魚は、仲間と同じ方向に泳ぐ習性があります。そばにいる仲間との距離を、水流や水圧の変化を通して感じとり、目でも見てはかることで、一定の距離をたもちながら、ぶつからずにかたまりになって泳いだり、いっせいに向きを変えたりすることができるのです。

チョウがまっすぐ飛ばないのはなぜ？

ゆうがな飛び方をするのには、わけがありました

チョウは、上下にゆれるように、ひらひらと飛びます。どういうしくみで、このような飛び方ができるのでしょう。そして、まっすぐに飛ばず、ひらひらとおどるように飛ぶのは、なぜなのでしょうか。

チョウは、からだにくらべてとても大きなはねをもっています。前のはねは、うしろのはねにかぶさるようにできているので、前のはねを動かすと、うしろのはねもいっしょに動きます。この大きなはねを打ち下ろすと、からだは上に上がり、打ち上げるとからだは下がります。この動かし方をくり返すので、ひらひらと飛んでいるように見えるのです。

チョウは、種類によってさまざまな花のみつをさがして、すいます。なかには、樹液*をすうチョウもいます。さがしている植物がどこにあるのか、ひらひらと飛びながら、まわりを見ているのです。

＊樹液…樹木の中にふくまれている液。

よんだ■■■

また、オスのチョウは、結婚相手になるメスのチョウをさがして飛びまわります。メスがいそうなところをねらって、ひらひらと飛びまわり、相手を見つけます。

オスとメスが結婚すると、メスは、たまごをうむ場所をさがします。たまごからかえった幼虫は、チョウの種類によって、それぞれちがう植物の葉を食べます。まちがった植物にたまごをうみつけると、幼虫は食べるものがなくて死んでしまうこともあるからです。そこで、植物をまちがわずに見つけるために、ていねいに見てまわらなくてはなりません。ひらひらと飛びながら、植物を見分けるのです。

前のはね
うしろのはね
はねを打ち上げると、下に下がる
はねを打ち下ろすと、上に上がる

チョウをねらう敵からのがれるのにも、この飛び方は役立ちます。鳥などは一直線に飛ぶので、ひらひらゆらゆらと飛ぶと、つかまりにくいのです。

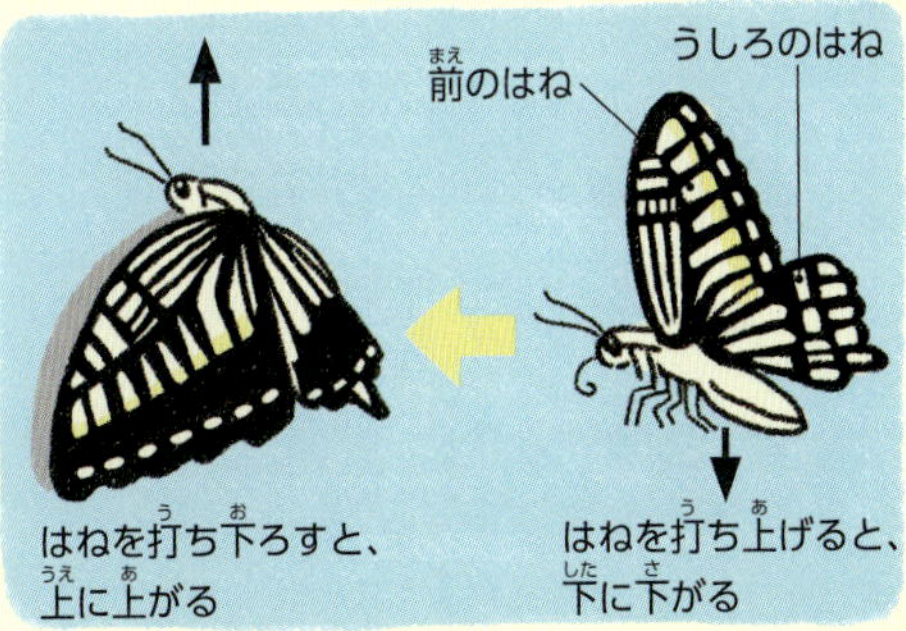

おはなしクイズ
チョウの幼虫は好ききらいがないので、どの葉っぱも食べる。○か×か？

85ページのこたえ ×

くるくるまかれた葉っぱはだれがつくったの？

オトシブミのゆりかごづくりを観察してみると……

「オトシブミ・チョッキリ」のおはなしより

よんだ ■■■

〈あるとき、ファーブルは、オトシブミという虫に興味をもちました。オトシブミについてのファーブルのお話を見てみましょう。〉

オトシブミは、木の葉をうまく切って、じょうずにくるくるとまき、小さな巻物のような形をつくる虫です。その中にはたまごがうみつけられており、幼虫は、中で葉っぱを食べて育ちます。この巻物は、オトシブミのゆりかごというわけです（地面に落ちているところが、まるで、まるめた手紙が落ちているように見えたことから、日本では、「落とし文」とよばれるようになりました）。

オトシブミに近い仲間に、チョッキリという名前のついた虫がいます（木のえだや葉の根元に、はさみでチョッキリと切るようにかみきずをつけるところから、その名がつきました）。チョッキリの仲間もまた、オトシブミのように、葉っぱをまい

て、ゆりかごをつくります。

オトシブミやチョッキリの仲間は、種類によって、からだの形やしくみが少しちがいます。からだのわりに頭が小さく、奇妙なすがたをしていて、とても葉っぱであんな器用な作品をつくるようには見えません。

「こん虫のからだつきの特徴と、つくり出すものとの間には、なにか関係があるのだろうか」

そう思ったわたし（ファーブル）は、何種類かのオトシブミやチョッキリの仲間を家で飼って、観察してみることにしました。

アシナガオトシブミは、ずんぐりした赤い小さな虫です。ゆりかごに使う葉っぱは、セイヨウヒイラギガシというかたい木の葉です。

観察していると、アシナガオトシブミは、夜、葉っぱがしめってやわ

87ページのこたえ ×

らかくなるころ、仕事をはじめました。まず、葉っぱの根元から少しはなれたところの、右側と左側に大あごで切れ目を入れます。そして、葉っぱが少ししおれてやわらかくなると、両側からふたつにたたみ、葉の先のほうを少しまいてからたまごをうみます。そのあと、くるくるとまき上げて、一センチメートルほどのかわいいゆりかごにします。

このゆりかごが木から落ちて、日照りでからからにかわいてしまうと、中の幼虫は成長を止めて、雨がふるまでねむったようにすごします。そのことを知ったわたしは、とても感動しました。このような能力をもつのは、オトシブミやチョッキリの中では、アシナガオトシブミだけです。

ホソドロハマキチョッキリは、金属のようにかがやくはねをもつ美しい虫で、ドロノキやポプラの木につきます。

ファーブル昆虫記

チョッキリのゆりかごの断面図

この虫はまず、葉の根元のくきに口の先をつきさして、あなをあけます。木のみきから送られる水分は、このきずのところで止められて、葉の先には行かなくなります。ホソドロハマキチョッキリは、どこに口の先をさせば水が止まるのか、ちゃんとわかっているのです。そして、葉っぱがしんなりしたところで、左右からていねいにまいて、葉巻のような細長いゆりかごをつくります。

「オトシブミやチョッキリの仲間は、からだのつくりにちがいはあるけれど、みな、じょうずに葉っぱのゆりかごをつくった。幼虫のために安全なゆりかごをつくるのだ、という本能の命令があれば、虫たちは、自分の道具をちゃんと使いこなして、すばらしい仕事をするのだ」

わたしは、オトシブミやチョッキリの観察を通して、そのことを発見したのです。

おはなしクイズ
オトシブミのゆりかごの中にはなにが入っている？ ㋐オス ㋑たまご ㋒手紙

オタマジャクシとカエルはどうして似てないの？

呼吸のしかたにちがいがあるためです

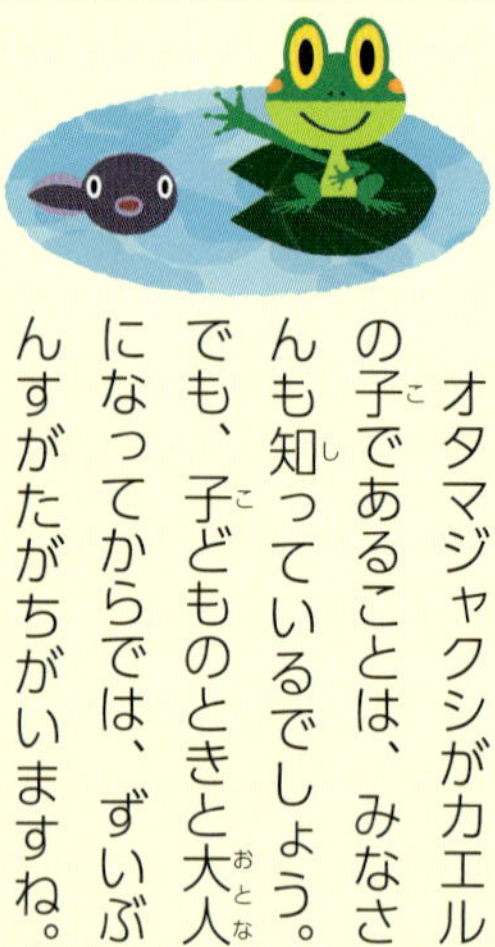

オタマジャクシがカエルの子であることは、みなさんも知っているでしょう。でも、子どものときと大人になってからでは、ずいぶんすがたがちがいますね。いったいどうしてなのでしょうか。

カエルの仲間は、「両生類」というグループの生きものです。両生類は、子どものころは水の中でくらし、大人になると、多くが陸に上がって生活できるようになります。

ほとんどのカエルは、水の中にたまごをうみます。そのため、たまごからかえったオタマジャクシは、生まれてすぐに、水の中で生活できなければなりません。

オタマジャクシのからだの横には、「えら」がついています。ここから、魚と同じように、水にとけている酸素を取りこんで呼吸ができます。そして、ひれのついた長い尾を

くねらせて泳ぎます。口は、おろし金のように細かい歯がならんだおちょぼ口で、石についたコケや、死んだ魚の身などをけずり取って食べるのに適しています。

やがて成長すると、オタマジャクシは、足が生え、えらと尾が消えて、陸に上がります。このころには、えら呼吸から、人間と同じ「肺呼吸」に変わっています。

カエルは、陸上や水辺で虫をとってくらします。そこで、獲物を見つけるためのとび出した目をもち、すばやくとらえるための長い舌と大きな口をそなえているのです。肺のほかに、皮ふでも呼吸ができるので、土にもぐって冬眠しても、呼吸をすることができます。

このように、水の中でくらすオタマジャクシと、陸の上でくらすカエルとでは、すがたも、からだのしくみも、大きくちがいます。だから、親子なのに、こんなに似ていないのですね。

おはなしクイズ　オタマジャクシにあって、カエルになるとなくなるものは？　㋐目　㋑えら　㋒足

91ページのこたえ　㋑たまご

動物はどうして冬眠するの？

寒くて食べものの少ない冬を、生きのびるためです

冬は、動物にとってつらくきびしい季節です。寒さで体温が下がりすぎると、動物は生きていけません。たくさん食べれば体温をたもてますが、冬は一年で一番エサが少なくなる季節です。では、動物はどうやって冬を生きのびるのでしょう。

動物が生きのびる方法のひとつとして、「冬眠」があります。秋にたくさん食べて脂肪をため、巣あなの中で春が来るまでねむるのです。

冬眠中は、心臓の動きがおそくなり、体温が下がって、使うエネルギーをギリギリまで節約します。敵のいる外でエサさがしをする必要もなく、かしこい冬のすごし方といえそうです。ただ、たまに、春に目が覚めずに死ぬこともあります。

冬眠するほ乳類のなかで、ここでは、クマとシマリスの例を紹介しましょう。

クマは、かなり省エネタイプの冬

眠をします。がけや木の下などに大きな巣あなをつくって冬眠し、オスは春まで目を覚ましません。

いっぽう、メスは冬眠中に子どもをうみます。母グマも子グマもほとんどねてすごしますが、子グマはお母さんのおっぱいを飲んで育ちます。母グマは、水もエサもとらずにおっぱいをあげつづけるので、春には体重が三分の一もへってしまいます。

シマリスの冬眠は、もう

ヒグマの冬眠（メスの場合）

93ページのこたえ ㋑えら

少し活動的です。からだに脂肪をためこむかわりに、冬眠用にほった巣あなにドングリをためこみます。その量は、体重の十倍にもなります。そして、冬眠中もときどき目を覚まして、ドングリを食べ、ねる部屋とは別のトイレでふんもします。

ほ乳類だけでなく、ヘビやカエルも冬眠します。ヘビやカエルは、気温で体温が変化する「変温動物」で

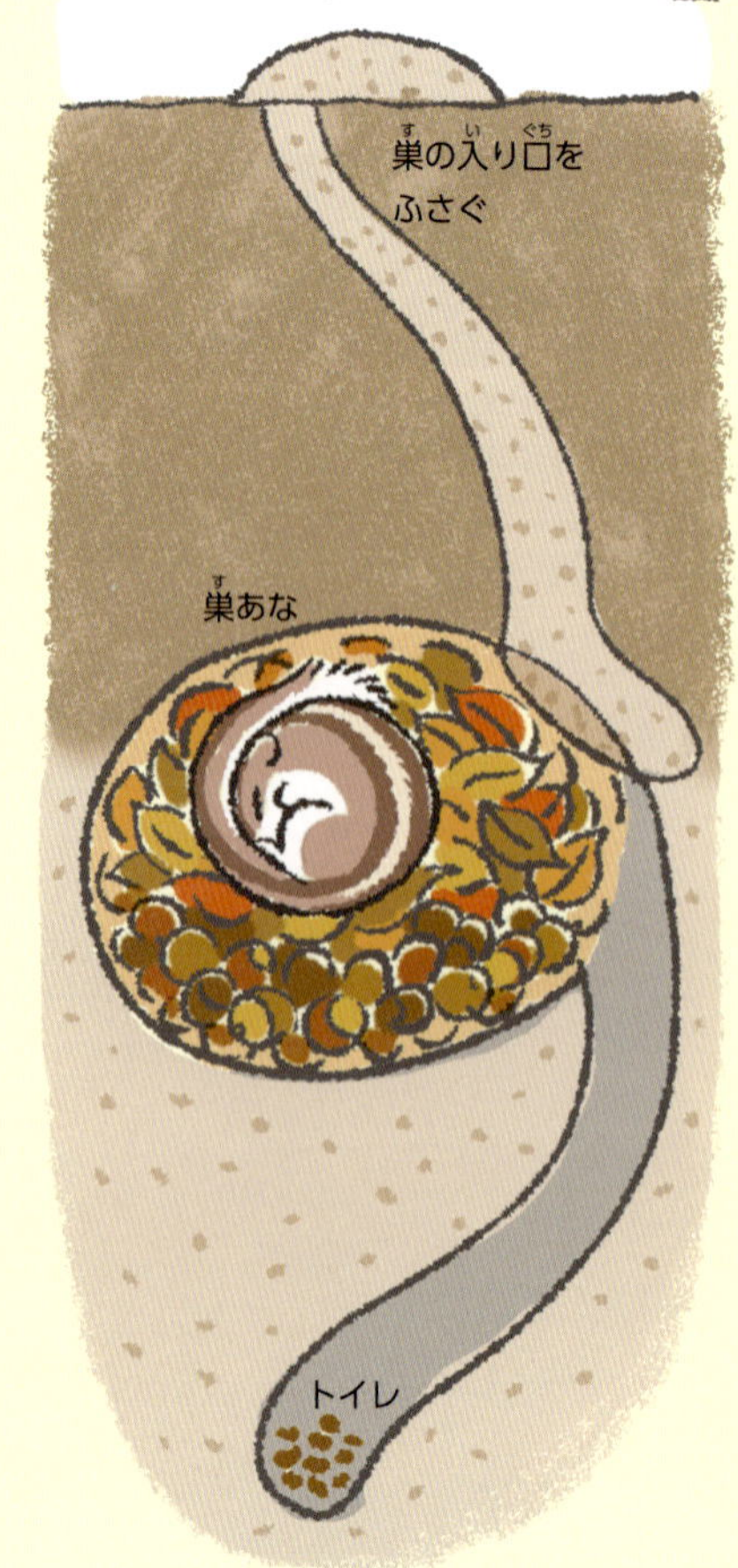

す。寒さで体温が下がりすぎると、エサがあっても動けません。ですから、冬眠するのが一番なのです。カエルの場合、気温が一〇度以下になると、冬眠するといわれています。

なお、人に飼われている動物は冬眠しません。エサをじゅうぶんもらえますし、人間の家はあたたかいからです。ただ、ハムスターやカメなどは、寒い場所で飼っていると、冬眠してしまいます。冬眠する動物を飼うときは、きちんと温度管理をすることがたいせつです。

おはなしクイズ
シマリスは、冬眠用の巣あなになにをためておく？ ㋐ミルク ㋑ドングリ ㋒水

犬が片足を上げておしっこをするのはなぜ？

犬のおしっこには「個人情報」がつまっています

散歩をしている犬が、ときどき立ち止まり、片足を上げて、電柱や植木におしっこをかけているのを見ることがあります。そして、少し先に進むと、またおしっこをかけます。どうして片足を上げて、おしっこをするのでしょう。それから、どうしていっぺんにしないのでしょう。

昔、犬は人間に飼われることなく、自然の中でくらしていました。それで、ほかの犬や動物たちから自分の生活する場所を守るために、「ここは自分のなわばりだ！」と知らせる必要がありました。あちこちにおしっこをかけて、それをにおいで知らせていたのです。

人間に飼われるようになっても、そのくせは残っていて、電柱などにおしっこをかけて、ほかの犬に自分のなわばりを教えているのです。あちこちにかけるのは、なわばりが広いことを知らせるためです。

よんだ■■■

電柱などの高さがあるものにおしっこをかけるのは、そのほうが、においが目立つし、ふまれて消えてしまうことも少ないからです。また、片足を上げるほうが、高いところにおしっこをかけることができます。

さらに、高いところにおしっこのにおいがあれば、ほかの犬に、自分は大きな犬だと思わせることができます。また、高いほうが、ほかの犬にあとからおしっこをかけられて消される可能性が少なくなります。

犬は、においをかぐ力がとてもすぐれています。人間の百万倍から一億倍もあるといわれていて、においでまわりの様子や、ほかの犬のことをかぎ分けます。散歩のときも、あたりをくんくんかぎまわりますが、これは、その辺にどんな犬がいるのか、たしかめているのです。

犬どうしが出合ったとき、たがいのおしりのにおいをかぎ合うことがありますね。これは、犬のあいさつのようなものです。おしりのにおいから、相手がどんな犬かをさぐっているのです。

おはなしクイズ

犬が電柱などにおしっこをかけるのは、ほかの犬になにを教えるため？

97ページのこたえ ㋑ドングリ

カメレオンのからだの色はなぜ変わるの？

まわりの色に合わせて、自由自在に変身できるのでしょうか

カメレオンは、まわりの色や光の強さに合わせて、からだの色を変えることができます。ただし、自由に好きな色になれるわけではなく、生活している場所などによって、変えられる色は決まっています。

色を変えるのは、からだを目立たなくするためです。カメレオンは動きがおそいので、色を変えることで、こっそり待ちぶせして獲物に近づいたり、敵からかくれたりします。

反対に、派手な色でからだを目立たせて敵をいかくしたり、オスがメスに結婚を申しこんだりします。メスも、色を変えてオスに返事を伝えます。

さて、ふしぎなカメレオンのからだですが、いったいどう

よんだ■■■

やって色を変えるのでしょう。まわりの色を見ているのでしょうか。

こんな実験が行われました。目をつぶってねむっているカメレオンのそばにぼうを置いて、からだの一部にかげができるようにしました。カメレオンは、ぼうを置かれたことに気がついていません。しかし、しばらくすると、ぼうのかげになった部分の色が変わりました。カメレオンに目かくしをして、まわりの色を変える実験でも、からだの色が変わりました。

これらの実験から、カメレオンは目で見て色を変えるのではなく、皮ふで感じて、色を変えていることがわかりました。

カメレオンの皮ふの下には、赤、白、黄、黒などの、色のもとになるつぶが集まっています。光や熱をあびると、そのつぶの大きさや形が変わり、からだの色も変わるのです。

わたしたち人間の皮ふは、熱さや冷たさを感じることはできますが、カメレオンのように色や光を感じることはできません。

ぼうのかげになった部分
ぼう

ぼうのかげになったところのからだの色が変わる実験

おはなしクイズ
カメレオンは、からだのどの部分で色や光を感じる？ ㋐目 ㋑舌 ㋒皮ふ

99ページのこたえ 自分のなわばり

虫を食べる植物があるって本当？

生きるために進化をとげた、ふしぎな植物です

　虫や微生物を食べる植物のことを、「食虫植物」といいます。特別な形の「捕虫葉」という葉っぱで虫をつかまえ、栄養にします。

　食虫植物の虫のつかまえ方には、つぎの五種類があります。

ハエトリグサなどは、「はさみこみ式」です。捕虫葉は、人間が手首を合わせて、両手を花のように開いた形に似ています。虫が来ると、葉をさっととじます。ハエトリグサが捕

虫葉をとじる速さは、約〇・一〜〇・三秒。とじた葉は、ちょうど指を組んだような形になるので、中の虫はにげられません。

モウセンゴケなどは、「ねばりつけ式」です。捕虫葉の表面にべたべたとねばりつく液を出して、虫をはりつけてつかまえます。虫がにげようともがくと、葉がまきついてきて、虫をおさえこんでしまいます。

ウツボカズラなどは、「落としあな式」です。捕虫葉が、えりのついたつぼのような形になっていて、近づいてきた虫がすべって落ちてきたところをつかまえます。えりも、つ

101ページのこたえ ㋒皮ふ

ぼの内側も、ぬるぬるとすべりやすくなっているので、中に落ちた虫はにげ出すことができません。

すいこみ式

タヌキモなどは、「すいこみ式」です。これは、水の中でくらす食虫植物が、微生物などをつかまえる方法です。捕虫葉がふくろのようになっていて、入り口にあるとげに微生物がふれると、まわりの水といっしょにすいこみます。

ゲンリセアなどは、「さそいこみ式」です。らせん状の捕虫葉がのびていて、虫や微生物などを土の中の水分といっしょにすいあげて、つかまえます。葉には切れこみがあり、そこから微生物が入ります。

このように、虫を食べて生長する食虫植物ですが、じつは、ふつうの植物と同じように、光合成もできます。ただ、養分の少ない土地に生えているので、足りない栄養を補うために、虫をつかまえるようになったといわれています。

さそいこみ式

おはなしクイズ
食虫植物は、虫が養分になるので光合成は行わない。○か×か？

恐竜はなぜいなくなったの?

一番よく知られている原因は、巨大いん石の衝突です

恐竜は、今からおよそ二億五千万年前に地球上に生まれ、その後、たくさんの種類がくらしていました。

しかし、およそ六千六百万年前に、とつぜんすがたを消してしまいます。このとき、恐竜以外の多くの生きものも絶滅しました。いったい、なにが起きたのでしょう。

恐竜たちの絶滅の原因にはいろいろな説があります。そのなかでも一番よく知られているのが、巨大いん石の衝突です。

いん石が地球にぶつかると、ちりや水蒸気があつい雲となって空をおおいます。そのため、太陽の光がさえぎられて、地球の温度は急激に低くなりました。また、大きな衝撃は地震や津波を引き起こし、森林火災も発生したといわれています。恐竜たちは、この大きな環境の変化にたえられなかったのです。

恐竜の絶滅の原因には、ほかにも、

よんだ ■■■

火山の噴火や病気など、いろいろな説がありますが、本当のところはまだわかっていません。今でも多くの人たちが、なぞをとき明かそうと研究しているのです。

およそ六千六百万年前に絶滅してから、ふたたび恐竜が地球上にあらわれたことはありません。

しかし、今生きている鳥は、恐竜から進化した生きものだと考えられています。

また、恐竜の化石のなかには、たまごや子どもが巣に入っているものも見つかっています。巣で子育てをしていたのかもしれないという点でも、鳥と似ていると考えられているのです。

恐竜は、完全に絶滅したのではなく、今いる鳥の仲間たちにつながっているのかと思うと、なんだか少し身近な生きもののように感じられますね。

おはなしクイズ
恐竜が絶滅した原因は、なにが地球に衝突したからだと考えられている？

105ページのこたえ ×

木の中にトンネルをほる虫がいるの？

トンネルの中で、大人になる準備をする虫がいます

〈ファーブルは、カシの古い木にひそんでいるカミキリムシの幼虫の「テッポウムシ」を観察しました。これは、そのときのお話です。〉

まき用の古いコナラの木の丸太をふたつにわると、さまざまな虫が、木のあなの中に集まっていました。

虫食いだらけの丸太の中に、樹液*がしみ出ている、まだ木が生きている部分がありました。よく見るとそこに、白くすべすべしたはだの、ぷっくりと太ったテッポウムシがのろのろと動いているではありませんか。

これは、カシミヤマカミキリの幼虫

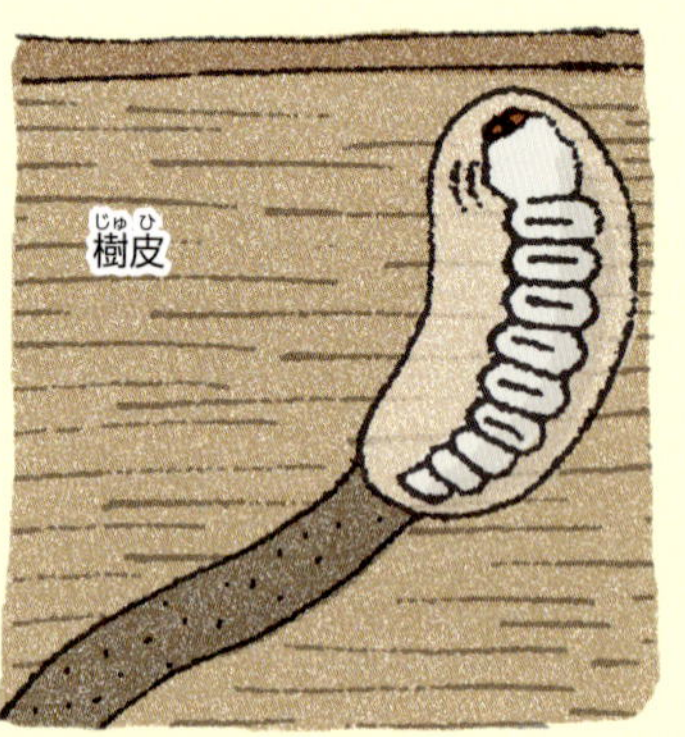

木の外側に向かってさなぎになるための部屋をほる幼虫

*樹液…樹木の中にふくまれている液。

「カミキリムシ」のおはなしより

よんだ■■■

です。

　カミキリムシの仲間の多くは、木のみきをかんで、きずをつけ、そこにたまごをうみつけます。たまごからかえった幼虫は、じょうぶな大あごでその木をかじりながら、トンネルをほっていきます。朝から晩まで木を食べつづけ、ふんを出しながら、どんどんトンネルをほり進むのです。カミキリムシの幼虫の、木のトンネルでの生活は、およそ三年もつづきます。

　わたし（ファーブル）は、この幼虫に目はあるのか、虫めがねで見てみました。けれど、いくら見ても、それらしいものは見つかりません。たとえ目があったとしても、真っ暗なトンネルの中では、役に立たないでしょう。

　つぎに、耳が聞こえるかをたしかめるため、そばで大きな音を立ててみました。でも、幼虫は知らん顔です。どうやら、なにも聞こえていないようです。木の中にすんでいるので、音を聞く必要はないのかもしれません。

　では、においはわかるのでしょうか。かおりの強い木にうつしかえてみましたが、幼虫は平気でじっとしています。さらにショウノウやナフ

107ページのこたえ　巨大いん石

タリンという虫よけのくすりをそばにおいてみましたが、なにも反応はありません。においも感じていないようです。

それでは、この幼虫が成虫になったとき、いったいどうやって外に出るのでしょう。

コナラの木にいくつか小部屋をつくり、二センチメートルくらいかじれば外に出られるようにして、カミキリムシの成虫をとじこめてみました。しかし、どの小部屋にいた成虫も、りっぱな大あごをもっているのに、かべをかじって外に出ることはできませんでした。

今度は、アシというやわらかい植物の中にとじこめてみました。外までのかべは、三ミリメートルほどしかありません。それでも、なんびきかは外に出られませんでした。

成虫になったカミキリムシは、木の中にとじこめられると、自分で外に出られないのです。外に出るための準備は、成虫になる前の幼虫時代にするらしいということがわかりました。

成虫になる時期が近づくと、幼虫は、木の中から外側に向かってトンネルをほり、樹皮（木の皮）のすぐ内側までできて止まります。そして、

ファーブル昆虫記

その少しおくに、さなぎになるための部屋をつくります。中は、だ円形で、幼虫が動くには、じゅうぶんな広さがあります。

この部屋の中で、幼虫は皮をぬいでさなぎになります。ふしぎなことに、このときさなぎの頭は、ちゃんと出口のほうを向いています。成虫になってからでは、体の向きをかえられないことを、幼虫はちゃんとわかっているようです。

夏になると、羽化してうすい木の皮をやぶり、外の世界へと飛び出します。

三年ものあいだ、カミキリムシの幼虫は、ひたすらトンネルをほってきました。ただ前進するだけのように思われた幼虫ですが、ちゃんと先を見通して、成虫になってから外に出やすいように、準備を進めていたのですね。

おはなしクイズ

カミキリムシの幼虫は、大きな音や強いにおいに反応しなかった。○か×か？

ヘビはどうして足がないのに動けるの？

まっすぐなからだで、どのように進むのでしょう

ヘビには、足がありませんね。それなのに、なぜ、すばやく動くことができるのでしょうか。それには、はらのうろこが関係しています。

ヘビのからだの表面には、小さいうろこがならんでいます。しかし、はらの表面は少しちがっていて、幅の広いうろこが、列になってならんでいます。これを、「腹板」といいます。

腹板は、前からうしろに向かって屋根のかわらのように重なっています。指で、頭からしっぽの方向になぞるとなめらかですが、反対からなぞると、指が引っかかります。地面を進みやすいようなつくりになっているのです。

ニシキヘビなどの大型のヘビは、筋肉を使ってこの腹板を波立たせ、地面に引っかけながら進みます。

いっぽう、アオダイショウやシマヘビなどは、腹板を引っかけながら、

おはなしクイズ

ヘビのはら側にある、幅の広いうろこをなんという？

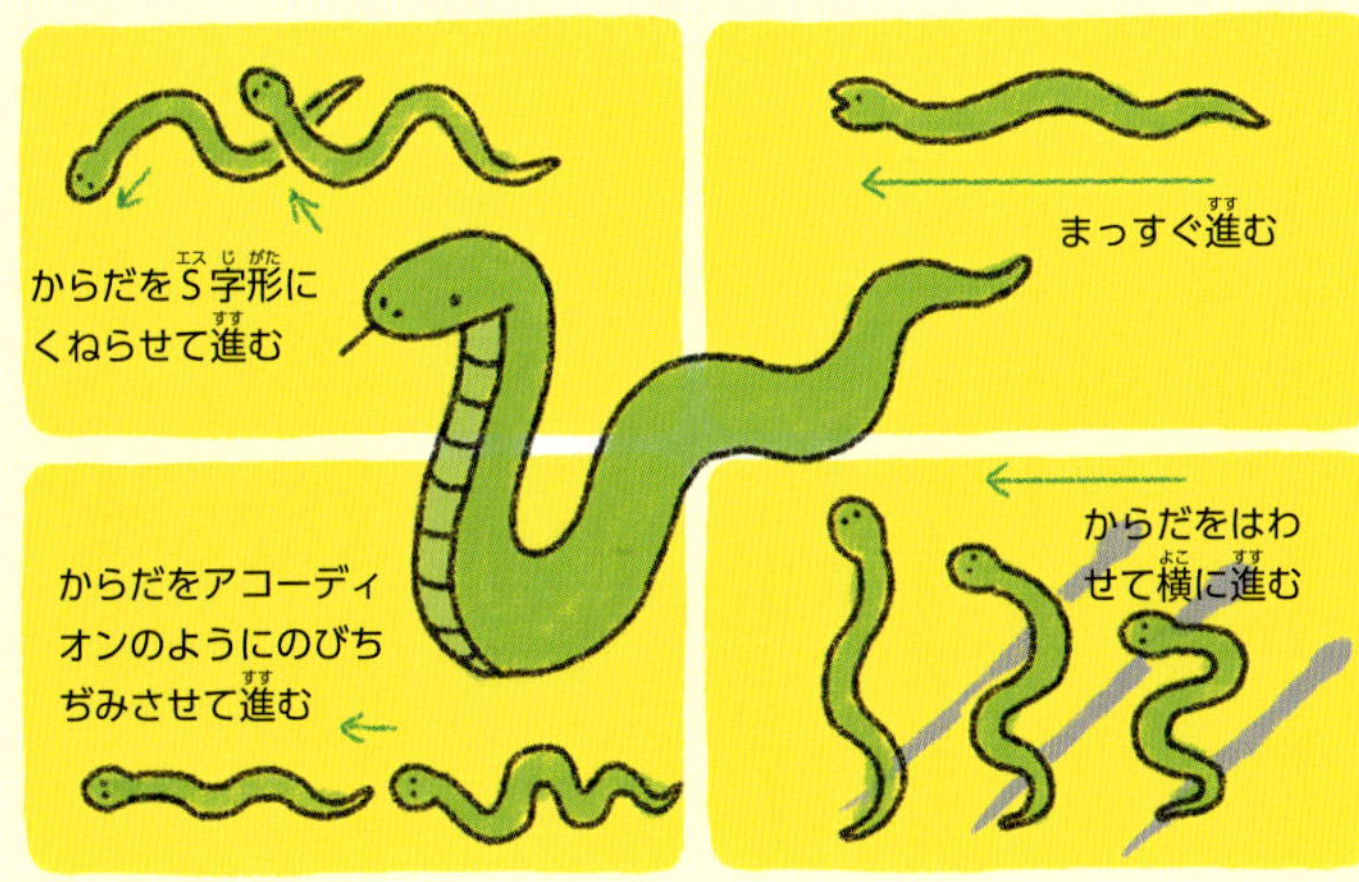

からだをS字形にくねらせてすばやく前進します。多くのヘビは、この方法で進みます。

マムシのように、腹板を引っかけながら、からだをアコーディオンのようにのびちぢみさせて前に進む種類もいます。

なかには、前に進むのではなく、横に進むヘビもいます。砂漠にすむヨコバイガラガラヘビというヘビです。砂の地面には腹板が引っかかりにくいため、からだをくねらせてうかせながら、からだをはわせて横に進むのです。ヘビによって、いろいろな進み方があるのですね。

111ページのこたえ　○

たまごを温めたらヒヨコは生まれるの？

お店で買ってきたたまごを温めると……

鳥は、たまごを温めてヒナを育てますね。それなら、わたしたちが食べているたまごも、温めればヒヨコが生まれるのでしょうか。

残念ながら、ふつうにお店で売っているたまごをいくら温めても、ヒヨコは生まれないのです。なぜなのでしょう。

たまごには、ふたつの種類があります。ひとつは、ニワトリのオスとメスが受精してうんだたまご。もうひとつは、メスだけでうんだたまごです。どちらも、見た目は同じようですが、中身には大きなちがいがあります。

オスとメスが受精してうんだたまごには、ヒヨコのからだのもとになる「はい」という部分がつくられています。メスだけでうんだたまごには、はいがありません。お店で売っているたまごは、メスだけでうんだたまごなので、はいがなく、ヒヨコ

よんだ■■■

にはならないのです。

では、オスとメスが受精してうんだたまごを温めると、何日くらいでヒヨコになるのでしょうか。

ヒヨコになるまでには、だいたい二十日くらいかかります。温めはじめると、たまごの中で、はいの部分が少しずつ変化し、ヒヨコのからだがつくられていきます。そのとき、黄身の部分は、ヒヨコが育つための栄養になります。白身は、育っていくヒヨコのからだを守ったり、栄養になったりします。

白身のところにあるねじれたヒモのようなものは、「カラザ」といって、黄身が動かないように、しっかりと止めておく役割をしています。たまごの中身には、それぞれだいじな役割があるのですね。

メス
メス
オス
カラザ
カラザ
はい

おはなしクイズ ニワトリは、メスだけでたまごをうむことができる。○か×か？

113ページのこたえ 腹板

寒くなると葉が落ちるのはなぜ？

寒くて乾燥するからだを守るため、冬休みに入ります

秋になると、モミジやイチョウなどの木の葉が赤や黄色になって、とてもきれいですね。

緑の葉が、赤や黄色に変わることを、「紅葉」といいます。紅葉のあと、葉はだんだんカサカサしてきて、色も茶色っぽくなり、最後は木から落ちます。

みなさんも、秋や冬に、たくさんの葉が木の根元に落ちているのを見たことがあるでしょう。このような、葉が落ちる木を、「落葉樹」といいます。葉を落とす木という意味です。

では、なぜ落葉樹は葉を落とすのでしょうか。それには、葉の役目を知る必要があります。

木も人間のように、大きくなります。人間は成長するために、食事をして栄養をとりますね。木はなにかを食べるかわりに、自分で栄養をつくります。その工場になるのが、葉です。水と空気と太陽の光ででんぷ

んなどの栄養分をつくり、からだを大きくするためのエネルギーにするのです。

太陽が出ている時間が長い春や夏は、たくさん栄養をつくることができます。しかし、昼が短く空気が乾燥する秋になると、栄養があまりつくれなくなります。しかも、落葉樹

115ページのこたえ ○

の葉は平べったくてうすいので、秋から冬にかけては必要な水分が出ていってしまうのです。木は水がじゅうぶんでないと、かれてしまいます。

　そこで、木はからだを守るために、葉を落とすのです。栄養をつくる工場がない冬の間、木はほとんど生長せず、冬休みに入ります。そうすることで、春にまた葉をつける元気を残しておくことができるのです。

「でも、冬に緑の葉をつ

秋や冬の葉

葉を落とす

栄養が少ない

水が少ない

けている木もあるよ」と、思った人もいるかもしれませんね。クリスマスにかざるモミの木などは、冬でも緑の葉をつけています。

このような木を、「常緑樹」といいます。常緑樹は、葉が針のように細かったり、ぶあつくなっていたりして、水分が出ていきにくいつくりになっています。そのため、葉の命が長く、少しずつ葉の交代をします。だから、いつも緑の葉をつけていられるのです。

おはなしクイズ

秋や冬に葉を落とす木をなんという？

㋐紅葉　㋑常緑樹　㋒落葉樹

チョウやカブトムシはなぜさなぎになるの？

さなぎの中で、いったいなにをしているのでしょう

こん虫は、幼虫の状態でたまごからかえり、成長して成虫になります。チョウやカブトムシのように、一度さなぎの状態になってから成虫になる方法を、「完全変態」といいます。

完全変態をするこん虫は、幼虫と成虫が、ずいぶんちがった形をしています。成虫は六本の足をもちますが、幼虫は、イモムシやケムシ、カブトムシの幼虫などのように、「腹足」とよばれるたくさんの小さな足を、細かく動かして移動します。

幼虫と成虫では、食べものもちがいます。チョウの幼虫は、植物の葉にとりついて葉を食べ、カブトムシの幼虫は、落ち葉などからできたやわらかい土を食べ、大きくなります。まだ、はねももたない幼虫は、空を飛んだり木に止まったりする成虫とは、まったくちがう場所にいるのです。これは、成虫になるために、たくさんの栄養をたくわえる必要があ

るからです。

じゅうぶんに栄養をたくわえると、幼虫は成虫になるための準備をはじめます。チョウやカブトムシはさなぎになり、あつくてじょうぶなからの中で、時間をかけてからだを変化させるのです。ただし、くわしいことはまだわかっていません。

さなぎの中では、幼虫のからだがとけて、成虫になるための材料になります。六本の新しい足も、飛ぶためのはねも、この期間につくられていくのです。

こうして、さなぎの中で成虫のからだができあがると、チョウやカブトムシは、さなぎをわって外に出てきます。羽化したばかりのときは、はねやからだもまだやわらかい状態です。しばらくすると、はねもからだもじょうぶになり、花や木のみつをもとめて飛び立っていきます。

チョウのさなぎ

カブトムシのさなぎ

おはなしクイズ 一度さなぎの状態になってから成虫になる方法をなんという？

119ページのこたえ ㋒落葉樹

犬は飼い主思いなの？

犬は、人間の心がわかるのでしょうか

〈これは、シートンが犬を飼っていたときのお話です。〉

一八八二年、わたし（シートン）は、知人から子犬を買い、ビンゴと名づけました。まるでクマのように真っ黒で、口のまわりだけが白く、ころころとしたかわいい子犬です。ビンゴは、成長するにつれ、一ぴきでいても平気な強さを身につけていきました。

ビンゴは、馬について歩くのが好きでした。ところが、あるとき、馬車で出かけるわたしについてくるのをいやがったことがありました。

「ウオーン、ウオーン」馬車が動きだすと、何

「ビンゴ　わたしの犬」のおはなしより

よんだ■■■

*コヨーテ…北アメリカにいるオオカミに似た動物。

度もかなしそうな声でほえるのです。それはまるで、「なにかよくないことが起きるよ」と言っているようでした。実際にはなにも起きなかったのですが、あとでうらない師に聞いてみると、

「その犬は、人間の心がわかるのです。なにも起きなかったのは、ビンゴがあなたを守ってくれたからですよ」

と、教えてくれました。わたしは、そんな話は信じない人間ですが、のちに、本当かもしれないと思うできごとが起きたのです。

しばらく町をはなれることになったわたしは、ビンゴを近所の友人にゆずりました。二年後に町へ帰ってきたときには、ビンゴはもう、わたしのことをわすれてしまったようでした。

四月の終わり、わたしは平原に出かけていきました。*コヨーテをつかまえるために、わなをたくさんしかけておいたのです。わなは浅くほった地面にしかけ、その上から土や砂をかけて、見えないようにしておきます。

わたしは、わなにかかっていた一ぴきのコヨーテをしとめてから、工具を使ってわなをしかけ直しまし

121ページのこたえ　完全変態

た。乗ってきた馬のほうへ工具を投げ、わなの上に砂をかけようとした、そのときです。

「バチン！」と音がして、わたしは右手をわなにはさまれてしまいました。さっき投げた工具をたぐりよせようと、うつぶせになって右足をのばしましたが、どうしてもとどきません。

そこで、からだの位置を変えたりしているうちに、またも「バチン！」と音がしました。なんと、右手だけでなく左足まで、別のわなにはさまれてしまったのです。

わたしは地面にうつぶせのまま、動けなくなりました。夜になれば気温はぐんと下がります。しかも、この平原には、めったに人は来ません。

夜になり、どこからかコヨーテの遠ぼえが聞こえてきました。遠ぼえはしだいに大きくなり、やがてコヨーテのむれが、わたしの目の前にあらわれました。はらをすかせたコヨーテたちは、動けないわたしに向かって、うなり声を上げました。

「ああ、ここで食われてしまうんだ」

そう思ったとき、とつぜん、黒いかげがコヨーテのむれに飛びかかりました。黒いかげは、ビンゴだったのです。ビンゴはコヨーテを追いは

おはなしクイズ
シートンがわなに手足をはさまれたとき、むれで近づいてきた動物は？

らうと、わたしのほほをなめました。
「ありがとう。あそこに落ちている工具を取ってきておくれ」
ビンゴのおかげで、わたしは助かりました。
飼い主の友人によれば、ビンゴはその日、かなしげな声を上げながら、暗やみの中をかけていったそうです。何年も別れてくらしていても、わたしとビンゴは心でつながっていたのです。

タケノコはいつ竹になるの？

竹は、草と木の両方の特徴をもっています

竹は、昔から日本人に親しまれてきた植物です。竹の中から生まれて、やがて月に帰る「かぐやひめ」は、今から千年以上前に書かれた『竹取物語』のヒロインです。かぐやひめは、たった三か月で、赤ちゃんから美しい一人前の女性に成長します。

じつは竹も、地中にのびたくきから芽が出てタケノコとして生長し、わずか二～三か月でりっぱな竹になるのです。

春、土の中からにょっきりと頭を出したタケノコは、うぶ毛が生えた皮につつまれています。何まいも重なったこの皮は、やわらかいタケノコを守る役割をしているのです。

やがて、タケノコがのびるにつれ、皮は一まい一まい、自然にはがれ落ちていきます。そして、皮がすべてはがれ落ちたとき、竹になるのです。

つまり、皮をかぶっているのがタケノコで、皮が完全に取れたものが

よんだ■■■

竹というわけです。

タケノコは、ほらないでそのままにしておくと、あっというまに背がのびて、木のようにかたくなります。わたしたちがふだんタケノコとして食べるモウソウチクの場合、生長が速いときには、一日に約一メートルものびるといわれています。

なぜ、竹の生長はそんなに速いのでしょう？ そのひみつは、くきを区切っている「節」という部分にあります。

ふつうの植物は、くきの一番先に「生長点（のびる部分）」があります。

しかし、竹の場合は、生長点だけでなく、節にものびる部分があり、節ごとにそれぞれ大きくなるのです。一本の竹に節は、約六十個ありますから、竹は、ふつうの植物の約六十倍速く生長することになります。

そうして生長した竹は、えだをのばして葉をつけますが、くきの高さや太さはずっと変わりません。

節ごとに大きくなる
節
生長点
節
竹
タケノコ

おはなしクイズ タケノコが竹になるのは、皮がすべてはがれ落ちたときである。○か×か？

125ページのこたえ コヨーテ

鳥の親になった人がいたの？

ヒナが親について歩く習性から、大きな発見をしました

ローレンツ

よんだ

「ぼく、ハイイロガンになりたい」

おさないころのコンラート・ローレンツが、ハイイロガンという鳥にあこがれたのは、大好きな童話の『ニルスのふしぎな旅』に出てくるからでした。

ローレンツは、一九〇三年、今のオーストリアのアルテンブルクに、医者の子どもとして生まれました。子どものころから

動物好きで、犬、カメ、モグラ、ネコ、カラス、インコなど、たくさんの動物を放し飼いにして観察していたそうです。

十歳のとき、ダーウィンの『進化論』を紹介した本を読み、夢中になったローレンツは、動物の研究をしたかったのですが、お父さんのすすめで、ウィーン大学医学部に進み、しぶしぶ医者になる勉強をつづけます。

それでも、動物の研究はあきらめきれません。あるとき、ローレンツは、ペットショップで買ったカラスのヒナを育てるうちに、あることに気づきました。エサをくれるローレンツを親のように思い、すがたが見えないと鳴いてさがすのです。

そこでローレンツは、カラスのヒ

127ページのこたえ ○

ナをさらにたくさん飼い、観察して、日記をつけました。この日記が、ドイツの有名な動物学者オスカル・ハインロート教授の目にとまり、動物学者への道が開けたのです。

ローレンツは、ガン、カモ、コクマルガラスなどの鳥の仲間の行動についてくわしく調査・研究をはじめました。そして、あこがれのハイイロガンで、とても大きな研究成果をあげることになります。

ローレンツは、ハイイロガンのヒナをガチョウに育てさせる

伝記

実験をしようとして、人工的にたまごを温める機械の前で、ハイイロガンのヒナがかえるのを見守っていました。そのときローレンツは、生まれたばかりのヒナと目が合ったのです。その後、ヒナはローレンツを親だと思い、あとをついて歩くようになりました。ヒナをガチョウのところへつれていっても、やはりローレンツのところへもどってきます。

このことから研究を深め、ローレンツは、「動物は、生まれてはじめて見る、動く大きなものを、親と思いこむ習性がある」ということを、証明してみせたのです。そして、この習性を、パチッと映像が脳に印刷されるようだとして、「刷りこみ」と名づけました。

ローレンツは、動物を間近に観察することで、その行動のなぞを明らかにする「動物行動学」という新しい学問をつくり上げました。これが評価され、研究仲間のニコ・ティンバーゲンとカール・フォン・フリッシュとともに、一九七三年、ノーベル生理学・医学賞を受賞しました。授与式では、池のほとりでハイイロガンにかこまれるローレンツのすがたが、大きなモニターにうつし出されたということです。

おはなしクイズ　ローレンツが子どものころにあこがれた動物は、ウサギだった。○か×か？

ザリガニやカニにはなぜハサミがあるの？

人間と同じように、いろいろなハサミの使い方をしているようです

ザリガニやカニをつかもうとして、指をはさまれたことはありませんか。とても痛いですね。いったいなぜ、あんなに大きなハサミをもっているのでしょうか。それには、いくつかの理由があります。

ひとつ目は、食べものを食べるためです。ザリガニやカニは、ハサミを使って食べものをはさみ、口に運びます。ハサミは、フォークやナイフのように、食べものを切ったり運んだりする役目をもっているのです。生きている獲物も、ザリガニやカニのハサミにはさまれると、かんたんにはにげることができません。

ふたつ目は、身を守るためです。ザリガニやカニは、敵に出合ったときに、ハサミをふり上げて相手をおどかすポーズをとります。そ

れでも相手がにげないときは、ハサミで相手をはさみます。逆に、相手につかまったときに、わざとハサミを切りはなし、相手がおどろいているすきににげることもあります。ハサミは、また新しく生えてきます。

三つ目は、巣あなをほるためです。特にカニは、土や砂にもぐるときに、ハサミをスコップのように使って、あなをほることがあります。

また、カニのなかには、メスを引きつけるために、オスがハサミをふり上げておどる種類がいます。おどり方は、種類によって少しずつちがい、シオマネキという種類のカニは、おどったときに、より目立つように、オスのハサミの左右どちらかが大きくなっています。

さらに、イソクズガニというカニは、ハサミを手のように器用に使って、切り取ったもや海草を、背中のかたい毛にからませていきます。こうして、すがたを目立たなくして、敵から身を守るのです。

このように、ザリガニやカニのハサミには、種類によっていろいろな使い方があります。

おはなしクイズ ザリガニやカニは敵につかまると、ハサミを切りはなすことがある。○か×か？

131ページのこたえ ×

恐竜の色はどうやって知るの？

図鑑を見ると、派手な色の恐竜がたくさんのっていますが……

恐竜の多くは、トカゲのようなうろこのあるはだ（皮ふ）をもっていたと考えられています。しかし、皮ふの色については、まだほとんどわかっていません。皮ふはくさりやすいので、かたい骨や歯のように化石として残るのはむずかしいからです。

恐竜の復元図は、その恐竜が生きていた場所と似た環境にすむ、現代の動物のからだの色やもようを参考にして、想像でえがかれています。

恐竜のなかには、からだが鳥のような羽毛でおおわれていたものもいました。羽毛がそのまま残っている化石が見つかって、わかったことです。二〇〇九年には、中国で、世界でもっとも古い羽毛恐竜の仲間の全身の化石が発見され、「アンキオルニス・ハックスレイ」と名づけられました。化石の羽毛の部分は、もようがあったことが見てわかるほど、よい状態をたもっていました。

よんだ■■■

全身の化石の二十九か所から羽毛化石の一部を取り出して調べた結果、からだ全体の羽毛の色やもようが明らかになりました。アンキオルニス・ハックスレイは、全身が黒っぽい羽毛でおおわれ、現代の鳥の風切り羽のような部分には白と黒のしまもようがあったこと、頭から首のうしろにかけては、くすんだ赤色の、とさかのような羽毛が生えていたことがわかりました。

トカゲのような皮ふの恐竜の仲間でも、皮ふが残ったミイラ状の化石が見つかることがあります。今後、状態のよいミイラ化石が見つかれば、皮ふの色やもようがわかるのではないかと期待されてます。

アンキオルニス・ハックスレイ

アンキオルニス・ハックスレイの化石の一部

おはなしクイズ
アンキオルニス・ハックスレイの色がわかったのはどの部分？
㋐羽毛 ㋑目 ㋒舌

133ページのこたえ ○

ためしてみよう

葉っぱを観察しよう!

身近な木の葉の形やあつさを調べてみましょう。

冬も葉をつけている常緑樹

特徴メモ

・あつくてかたい

・こい緑色

・つやがある

冬の前に葉を落とす落葉樹

特徴メモ

・うすくてやわらかい

・明るい緑色

・つやは少ない

葉っぱを写真にとったり、スケッチしたりして記録しましょう!

観察するときは葉をむやみにむしらないで、とっていい場所か、かならず確認するように注意してください。集めた葉は名前を図鑑で調べたり、おし葉にして台紙にはり、標本などをつくったりするのもいいですね。

3章（しょう）
身近（みぢか）なものの
なぜ？

えんぴつの文字はなぜ消しゴムで消えるの？

えんぴつで書いた文字の正体とは……

えんぴつでノートに書いた文字は、消しゴムを使って消すことができますね。でも、いったいどうして、書いたものが消えるのでしょう。

紙は繊維が集まってできているので、じつは表面に、とても細かいでこぼこがあります。えんぴつで文字を書くと、このでこぼこにえんぴつのしんがひっかかってけずられ、細かい粉になります。その粉が、紙のでこぼこのすきまに入っていきます。これが、えんぴつで書いた文字の正体です。

消しゴムには、この細かいえんぴつのしんの粉を、紙からはがす力があります。

消しゴムで紙をこすることにより、紙のでこぼこのすきまに入ったえんぴつのしんの粉がかき出され、消しゴムの表面にすいついて紙からはなれます。こうして文字が消えるのです。

消しゴムは、紙の上にあるえんぴつのしんの粉をすいつけながら、消しゴム本体のよごれた表面もこすってはがします。そして、きれいな新しい面にまた粉をすいつける、ということをくり返します。

消しゴム本体からはがれた消しゴムの表面は、まるまって、「消しかす」になります。えんぴつのしんの黒い粉は、その消しかすの中につつみこまれていくのです。

ちなみに、消しゴムの原料には、えんぴつのしんの粉をすいつけやすくするための薬品も入っています。

えんぴつで書けるしくみ

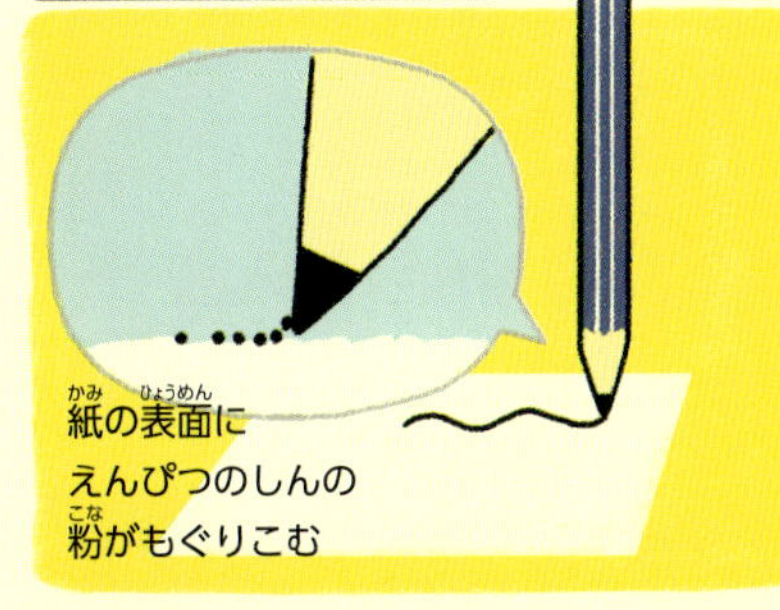

消しゴムで消せるしくみ

おはなしクイズ 消しゴム本体からはがれた消しゴムの表面は、まるまってなにになる？

135ページのこたえ ㋐羽毛

糸電話はなぜ声が聞こえるの？

音はどうやって伝わるのでしょう

紙コップに糸をつけて、糸電話をつくったことはありますか？糸電話を使うと、はなれたところにいる人の声が、耳のすぐそばで話しているかのように聞こえます。どうして声が聞こえるのでしょうか。

音には、ふるえながら進むという性質があります。その細かいふるえは、空気や水、ものを通して伝わっていきます。わたしたちの耳の中にある「こまく」という膜が、そのふるえをキャッチすると、音として聞こえるのです。

でも、空気を伝わって進んでいくうちに、ふるえはだんだん広がって弱くなり、やがて消えてしまいます。はなれたところの音がよく聞こ

よんだ □□□

えないのは、このためです。

しかし、筒状のパイプを通せば、小さな声で話しても聞こえます。空気のふるえがパイプの中を通り、外に広がりにくくなるからです。

音のふるえは、糸を通しても伝わります。糸電話の紙コップに口を当てて話をすると、声が紙コップの底の紙をふるわせます。その紙のふるえが、糸を通して伝わり、もうひとつの紙コップの底の紙をふるわせます。これで、話した声が相手の耳にとどく、というわけです。

でも、糸がたるんでいたり、糸のとちゅうを指でつまんだりすると、音のふるえが伝わらないので、声はとどかなくなります。

ところで、糸電話はどのくらいの距離まで聞こえるのでしょう。

これについて、実験が行われたことがあります。糸は太めのじょうぶなものにして、だんだん長くしていきました。ぴんとまっすぐに糸をはるには広い場所が必要なので、ビルの屋上で実験をしました。

結果は、なんと六八八メートルまで、声が聞こえたそうです。それ以上の長さで聞こえなくなったのは、糸をぴんとはろうとしても、糸の重さでたるんでしまったからです。

おはなしクイズ 音のふるえは、水の中でも伝わる。○か×か？

139ページのこたえ 消しかす

ショベルカーのタイヤはなぜまるくないの？

はたらく車の活やくする場所が、関係しています

工事現場などで、土をほったり運んだりと大活やくするショベルカー。多くのショベルカーには、ふつうの自動車に使うようなまるいゴムのタイヤではなく、タイヤをぐるっとベルトでまいた、横に長いふしぎな形のものが使われています。いったいなぜでしょうか。

このベルト状のものは、「クローラー」といいます。クローラーは、短い鉄の板を何まいもつないだよう

よんだ■■■

なつくりになっています。ゴムでできているものもあります。

クローラーの中には車輪があり、それが回転することで、クローラー全体が動くのです。

ふつうのタイヤでは、大きな出っぱりに乗り上げたときに、タイヤが地面からうき、前に進めなくなることがあります。また、タイヤと地面がふれている面積が小さいため、地面のくぼみにはまりやすいうえ、すべりやすく、急な坂などをのぼることができません。

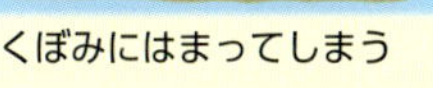

しかし、クローラーは、つねに幅の広いクローラー全体で地面をしっかりつかむため、どんなにでこぼこな道でも、うまったりすべったりしにくく、地面としっかりふれ合い、前に進むことができます。また、急な坂でものぼれます。

このような理由で、でこぼこした地面の工事現場で作業することが多いショベルカーなどには、クローラーが使われているのです。

おはなしクイズ
ショベルカーのタイヤの部分についている、ベルトのようなものをなんという？

141ページのこたえ ○

建物（たてもの）にかみなりが落（お）ちないのはなぜ？

かみなりの性質（せいしつ）を利用（りよう）した、あるものが使（つか）われます

かみなりには、建物（たてもの）や木（き）のような、まわりとくらべて高（たか）くつき出（で）たものや、金属性（きんぞくせい）のものに落（お）ちやすいという性質（せいしつ）があります。そのため、高（たか）い建物（たてもの）の上（うえ）には、かみなりの被害（ひがい）をふせげるように、「避雷針（ひらいしん）」を取（と）りつけています。

よんだ■■■

避雷針は、とがった金属のぼうを屋根の上に立て、そのぼうに金属の長いワイヤーをつなぎ、その先を地上へ下ろして地面にうめたものです。避雷針に落ちたかみなりをワイヤーでみちびいて、地面に直接にがすことで、建物を被害から守っています。漢字では、「雷を避ける」と書く避雷針ですが、実際は、「かみなりを引

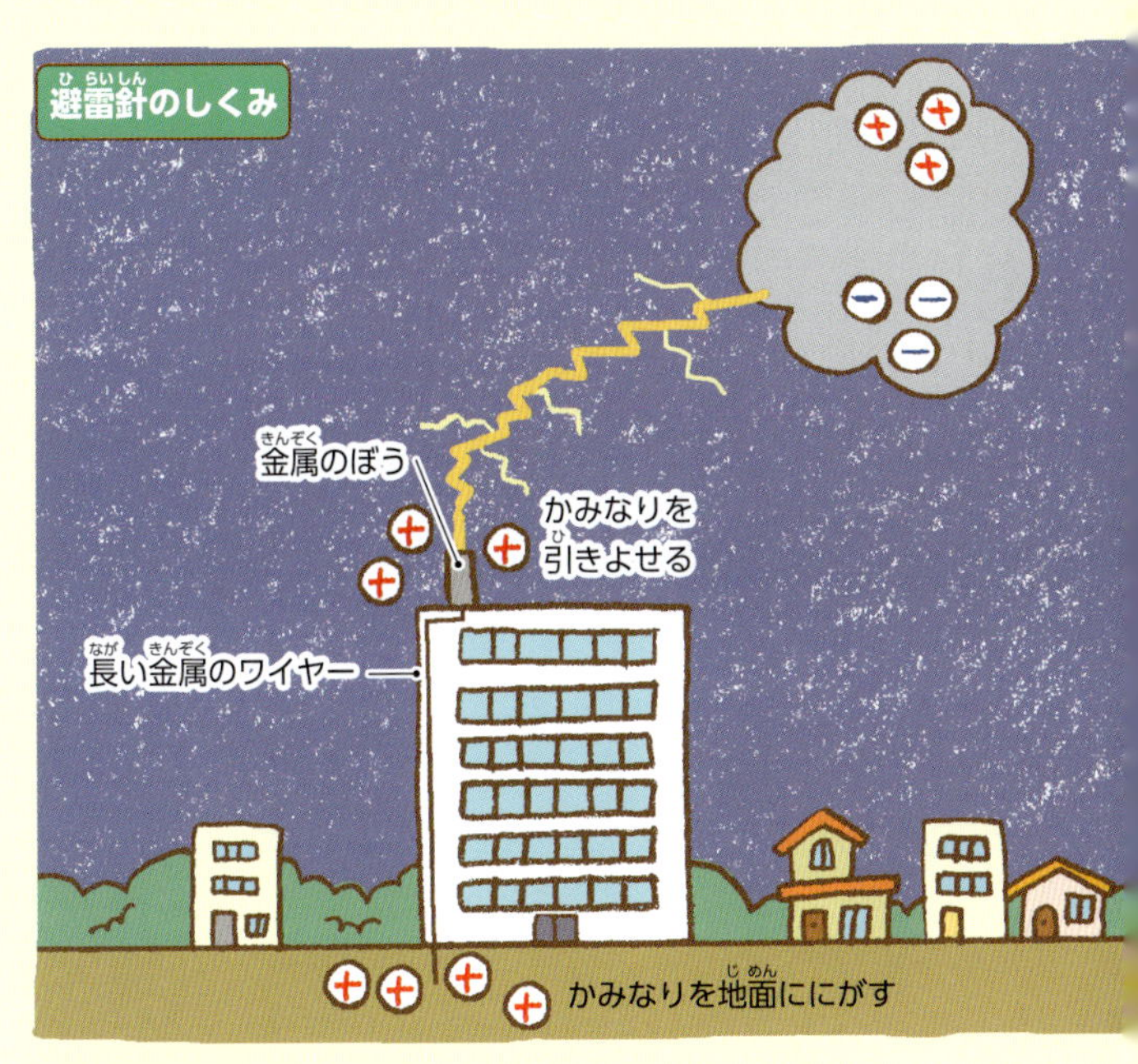

143ページのこたえ クローラー

きよせる」ためのものなのですね。

日本では、「高さ二〇メートル以上の建物には避雷針を取りつけなければならない」と法律で定められています。二〇メートルというのは、おおよそ六階建ての建物の高さくらいです。

避雷針は、アメリカのベンジャミン・フランクリンが発明したものです。フランクリンは、「アメリカ合衆国建国の父」のひとりでもあり、かみなりの正体が雲にたまった電気であることを証明しました。針金を取りつけたたこを雲の中にあげて、ライデンびん（今のバッテリーのようなもの）の中にかみなりをみちびいたところ、電気がたまっていることがわかったのです。

当時は、高い塔のある教会などにかみなりが落ちて、火事になる事故がよく起きていました。そこでフランクリンは、たこの実験で使ったような金属のぼうを立てて、ワイヤーでかみなりをみちびけば、建物を守ることができると考えました。こうして、避雷針が誕生したのです。

現代のわたしたちの生活は、電線や電話線、インターネット回線などの金属線につながった、さまざまな電子機器に取りかこまれています。

建物に落ちたかみなりが金属線を伝って、これらの機器に被害をおよぼさないためにも、避雷針の役目はますます重要になっています。

おはなしクイズ
フランクリンが、かみなりを調べる実験に使ったのは？ ㋐たこ ㋑電話線

いやなにおいはどうやって消すの？

においのつぶをとじこめる方法と、においそのものを消す方法があります

わたしたちのくらしには、いろいろなにおいがあふれています。玄関や台所、トイレなど、においが発生する場所はかぞえきれないほどあります。いいにおいならば気になりませんが、いやなにおいは、すぐに消えてほしいですね。

においのもとは、小さなつぶのすがたをしています。このつぶが、空気中をふわふわとただよって鼻の中に入ることで、わたしたちは「くさい」と感じたり、「いいにおい」と感じたりしています。

ペットのおしっこ

くさいにおいを消すための方法のひとつとして、よく「炭」の力が利用されます。炭には、小さなあながたくさんあいています。このあなの中に、においのつぶが入りこむと、出てこられなく

よんだ ■■■ 

なります。つまり、炭はにおいのつぶをとじこめることができるのです。

　このようなすごい力をもっている炭ですが、においを永遠に消すことはできません。小さなあながにおいのつぶでいっぱいになると、効果を発揮できなくなるのです。

　炭は、においのもとをとじこめることで、においを消してくれますが、そのほかに、においのもと自体を消してしまう方法もあります。それが、消しゅう剤を利用する方法です。消しゅう剤は、においのもとになる成分をばらばらにしたり、ほかのものと結びつけたりして、においのしない別のものにつくりかえてしまうのです。

　においそのものを消すのですから、一番いい方法に思えますが、弱点もあります。それは、ひとつの消しゅう剤では、いくつもの種類のにおいのもとを消すことができないという点です。けれども、消したいにおいに合わせて使い分けるには、ぴったりな方法といえます。

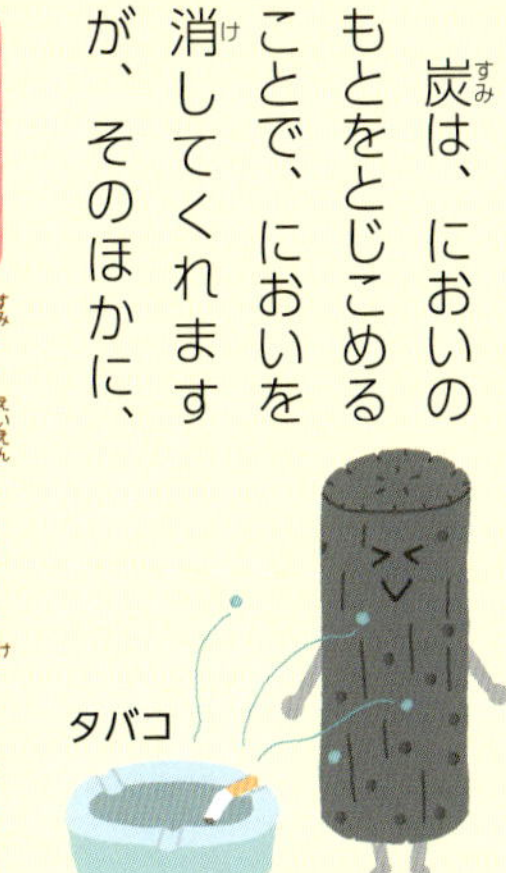

おはなしクイズ
炭は、永遠ににおいを消すことができる。○か×か？

147ページのこたえ ㋐たこ

はじめての飛行機はどうやって空を飛んだの？

鳥が自由に空を飛ぶすがたからヒントを得ました

ライト兄弟

世界ではじめて、エンジンのついた飛行機に乗って空を飛んだのが、アメリカのライト兄弟です。

四人兄弟の三男ウィルバーと四男オービルは、工作好きでした。

あるとき、お父さんが変わったおもちゃを買ってきました。

「ゴムをいっぱいにねじったら、手をはなしてごらん。ゴムがもどろうとする力でプロペラがまわるよ」

そのおもちゃは、ねじったゴムヒモで羽根をまわすことによって、竹とんぼのように空を飛ぶしくみでした。ふたりは夢中になり、こわれても同じものをつくるほどでした。

やがてふたりは大人になり、自転車をつくったり修理したりする店をひらき、町でも評判になりました。

そんなある日のこと、エンジンなしで空を飛ぶグライダーをはじめてつくったドイツ人のオットー・リリエンタールが、飛行中に事故死した

伝記

ニュースを知り、ふたりはショックを受けました。そして、

「よし、ぼくたちが空を飛ぶ夢を実現しよう」

と、強く決心したのです。

ふたりはけんめいに勉強して、実験をくり返しました。特に、飛行中にバランスをとることと向きを変えることに苦労しました。そんなとき、鳥がつばさの片方を上に、もう片方を下にひねることで、自由に空を飛んでいるのを見て、機体のつばさも動かせるようにくふうしました。

一九〇三年十二月十七日、大西洋に面した海岸で、ふたりがつくった飛行機「ライト・フライヤー一号」のエンジンがかかり、プロペラがまわりはじめました。そして、オービルを乗せた機体は、レールの上を助走し、ふわりとうき上がったのです。

飛行時間は十二秒、距離にして三六メートル。何度失敗しても、決してあきらめなかったふたりが、ついに得た成功の瞬間でした。

おはなしクイズ　ライト兄弟は、飛行中にバランスをとることと向きを変えることに苦労した。○か×か？

149ページのこたえ　×

カーナビはなぜ車の位置がわかるの？

自動車が動くのを、どこかで撮影しているのでしょうか

「カーナビ」というのは、「カーナビゲーション・システム」を略した言葉で、自動車がいる位置を調べて、モニター画面に地図で表示したり、目的地をさがして案内したりする電子機器のことです。

カーナビで自動車の位置を特定するには、GPS（全地球測位システム）衛星を利用します。

GPS衛星は、アメリカで打ち上げられた人工衛星で、二十四基（予備を入れて三十一基）が、地上から約二万キロメートルの上空で、地球のまわりをまわっています。

では、どうして自動車がいる位置を調べることができるのか、そのしくみを説明しましょう。

GPS衛星は、一秒間に千回、正確な時刻を発信しています。そして、自動車に取りつけているカーナビが、その情報を受信します。

二十四基のGPS衛星は、地球全

道具・もの

地球のまわりをまわるGPS衛星

GPS衛星は、さまざまな軌道（道のり）をまわっている

体をまんべんなくかこむように飛んでいるので、自動車がどこにいても、電波を受け取ることができます。カーナビは、送られてきた時刻の情報と、電波を受け取った時刻を記録して、その時間差を計算します。電波は、秒速三〇万キロメートルの速さで進むことがわかっているので、電波がとどくのにかかった時間がわかれば、GP

151ページのこたえ ○

S衛星から自動車までの距離が計算できるのです。

ただ、ひとつのGPS衛星からの電波だけでは、位置がわからないので、四つのGPS衛星から電波を受信します。四つのGPS衛星は、それぞれはなれたところを飛んでいるので、四か所からの情報を組み合わせれば、正確な位置を特定できます。

位置がわかると、今度はカーナビに内蔵されている地図と、特定した位置を重ねて、モニター画面に表示します。こうして、乗っている人に自動車の位

置がわかるのです。

また、カーナビではGPS衛星による位置情報だけでなく、地上から発信されている交通情報の電波を受信すると、道路の渋滞などもわかります。

GPS衛星は、もともと軍隊で使われていました。今では、自動車だけでなく、船や飛行機、国際宇宙ステーション（ISS）でも利用されています。スマートフォンにもGPS機能がついていて、自分のいる位置をたしかめたり、目的地をさがしたりすることができます。

おはなしクイズ

カーナビは、GPS衛星から発信される電波を利用している。〇か×か？

せんすいかんはなぜういたりもぐったりできるの？

空気の入ったうき輪を、水にうかべたりしずめたりするのと同じです

せんすいかんは、船の一種です。船は、うくのがふつうですが、せんすいかんは、うくことももぐることもできます。おもな仕事は、海のパトロールです。

海にもぐっているときに、せんすいかんの目となるのは「パッシブソナー」という装置です。わずかな音をとらえ、海上の船やほかのせんすいかんの動きをつかみます。

海の上の様子を見るには、「潜望鏡」を使います。一五メートルほどにのびて、海の中からでも外の様子を三六〇度見ることができます。

内部には、操縦室や発令所など、運航に必要な場所はもちろん、食堂やトイレ、シャワーなど、生活に必要な場所もそなえられています。

せんすいかんがもぐることができるのは、空気を出し入れする装置のおかげです。海にもぐりたいときは、「フラッドホール」というあなから、

海水を海水タンク内に入れます。そのぶん、空気がぬけて海水の重みが加わるので、かんたんに海にもぐっていきます。

うくときはどうするかというと、空気タンクから空気を出して海水タンク内に入れ、海水を外におし出すのです。すると、海水タンク内は空気で満たされます。海水がぬけたぶん軽くなり、空気が入ってうく力が加わるため、うかび上がることができます。空気の入ったうき輪を水にしずめ、手をはなすと、ういてきますね。それと同じことが、せんすいかんにも起きるのです。

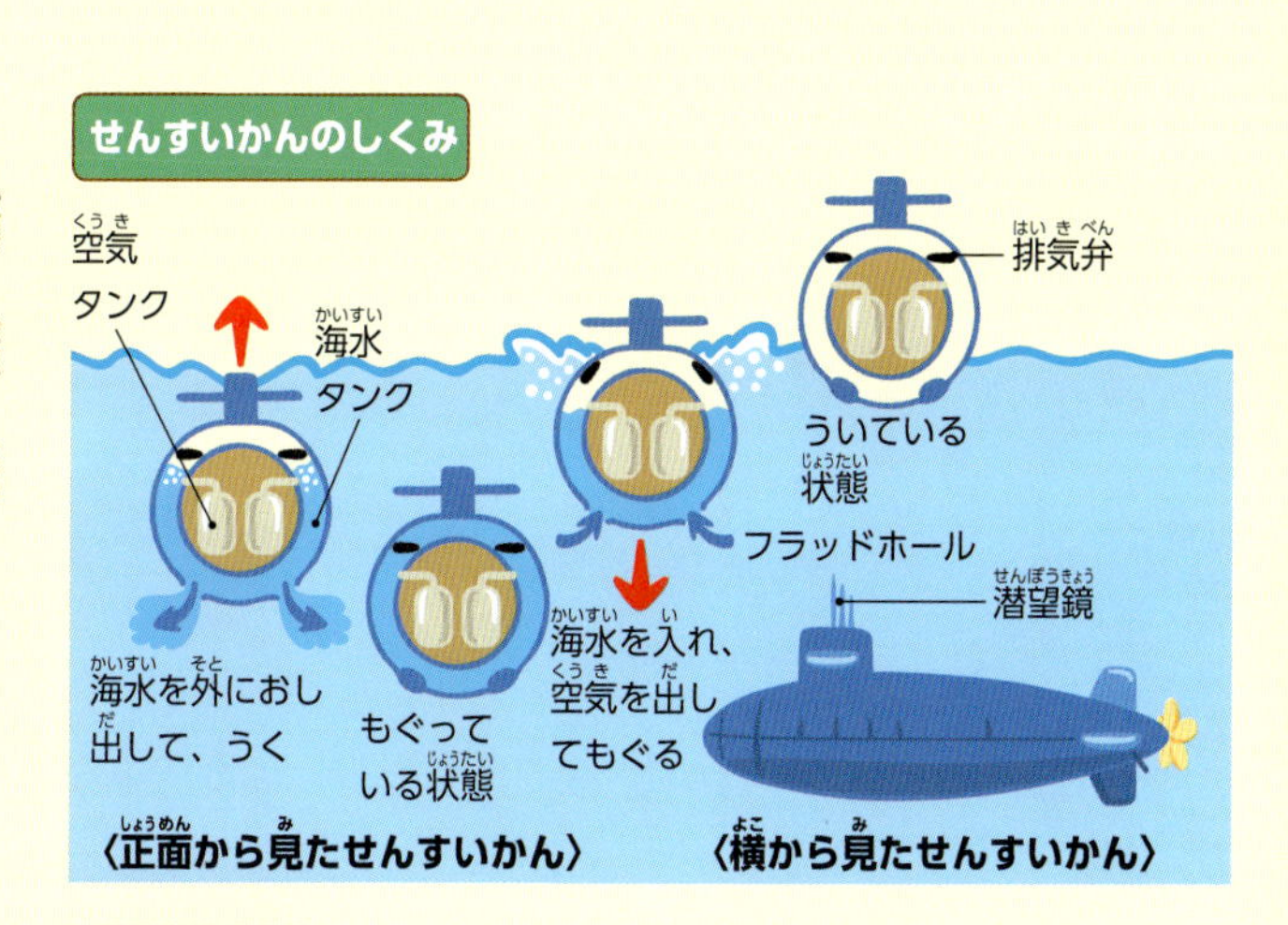

おはなしクイズ せんすいかんがうくために必要なのは、なに？ ㋐引力 ㋑海水 ㋒空気

155ページのこたえ ○

水筒のお茶がずっと冷たいままなのはなぜ？

朝入れても、遠足から帰るまでおいしく飲めますね

このごろは、内側が銀色の水筒がふえてきましたね。時間がたっても、中に入れたものの温度が、あまり変わらない水筒です。そういう水筒を、「まほうびんタイプ」といいます。

　まほうびんは、今から百年以上も前に、ドイツで発明された入れものです。お湯を長い時間そのままの温度にしておけるので、まるで、魔法のようだということから、そうよばれるようになりました。ポットともいいますね。

　冷えたお茶も、コップやペットボトルのままだと、時間がたつにつれて生ぬるくなります。でも、まほうびんタイプの水筒に入れておけば、冷たいお茶は冷たいまま、熱いお茶は熱いままです。どうして温度が変わらないのでしょう。それには、水筒のつくりにしかけがあるのです。

　まほうびんタイプの水筒には、内側と外側と、二重のガラスびんが

入っています。そしてその間は、空気がない真空状態にしてあります。さらに、内側のびんは、ガラスに金属のうすい膜をはって銀色にしてあります。落としても中のガラスがわれないように、ステンレスという銀色の金属でできたものもあります。

熱は、空気にふれると外へにげていきます。でも、まほうびんタイプの水筒は、筒の部分が真空状態になっているので、熱がにげません。また、内側が銀色なので、熱は鏡のようにはね返され、外に出ていきにくくなります。

このしくみのおかげで、まほうびんタイプの水筒は、長い時間、温度をたもつことができるのです。

おはなしクイズ まほうびんタイプの水筒の筒の部分にある、空気がない状態のことをなんという？

157ページのこたえ ㋒空気

ヘリコプターはなぜ空中で止まっていられるの？

まっすぐ飛ぶ飛行機とちがい、トンボに似た飛び方をします

飛行機もヘリコプターも、どちらも空を飛ぶ乗りものです。でも、大きなちがいがあります。それは、ヘリコプターは空中で止まることができるということです。これを「ホバリング」といいます。

では、どういうしくみで、空中で止まっていられるのでしょうか。

ヘリコプターには、「ローター」という細長くて大きな四まいの羽根があります。まず、エンジンの力でローターを回転させて、うき上がる力をつくり出します。そして、うき上がったら、ローターのかたむきを前後左右に変えるのです。かたむけることによって、前だけでなく、うしろにも進むことができます。また、横に進んだり、進む方向を変えたりもできます。

ホバリングできるのは、ローターでつくられたうき上がる力と、ヘリコプターの重さが、ちょうど同じに

なったときです。うき上がろうとする力と、重みで下に落ちようとする力がつり合っているので、飛びながら空中で止まれるのです。

ヘリコプターがホバリングできるという便利さは、いろいろなところで役立っています。

たとえば、事故や災害のときに、

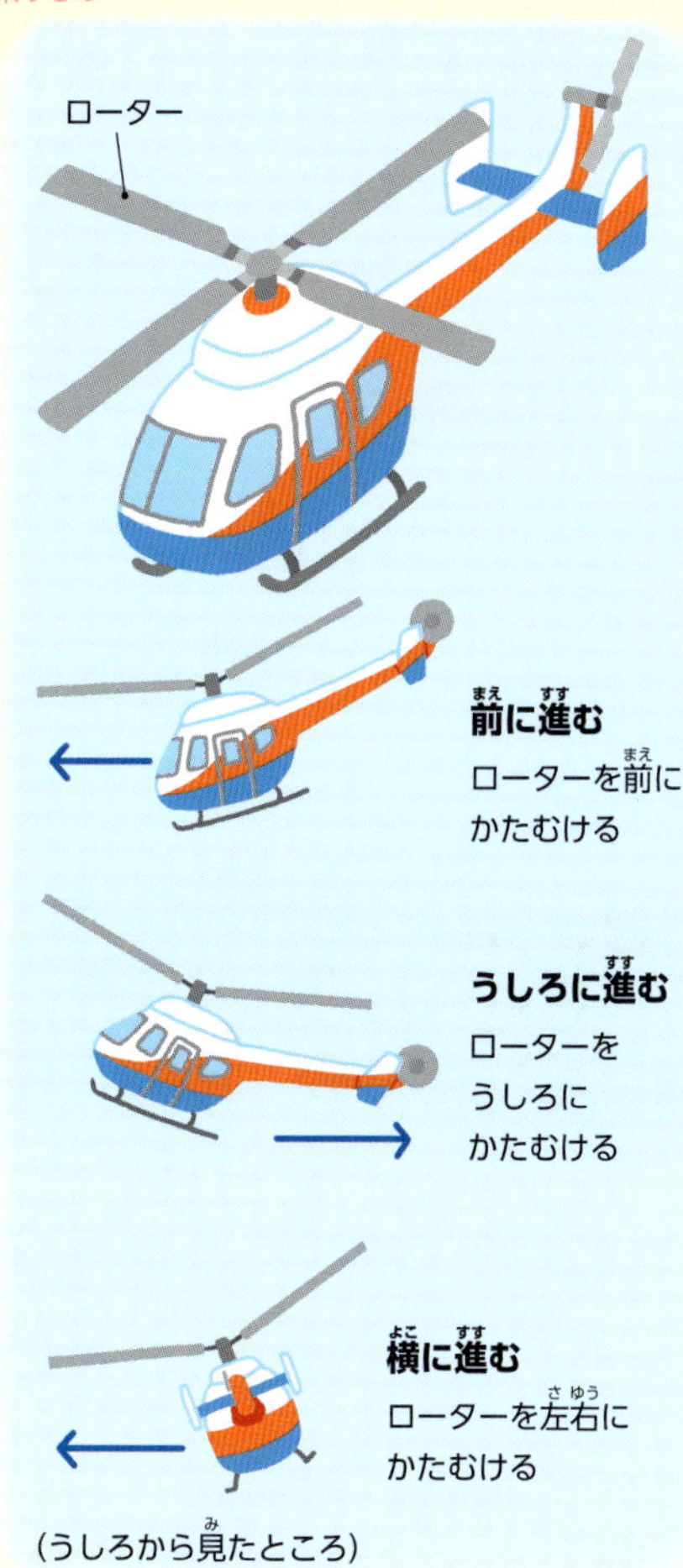

159ページのこたえ 真空状態

現場の上空にとどまって、けが人をつり上げて機内に安全に運びこむことができます。また、火事の現場に飛んでいって、真上から水や消火剤をかけつづけることもできます。

　ほかにも、ヘリコプターの便利なところはいくつもあります。飛行機が、長い滑走路を走ってから飛び立つのに対して、ヘリコプターは、そのまま真上に飛び上がることができます。飛ぶために広い場所がいらないので、緊急時には、ビルの屋上や学校の運動場などでも、離着陸することができます。ただ、飛行場以外の場所で離着陸を行う場合には、国土交通大臣の許可が必要

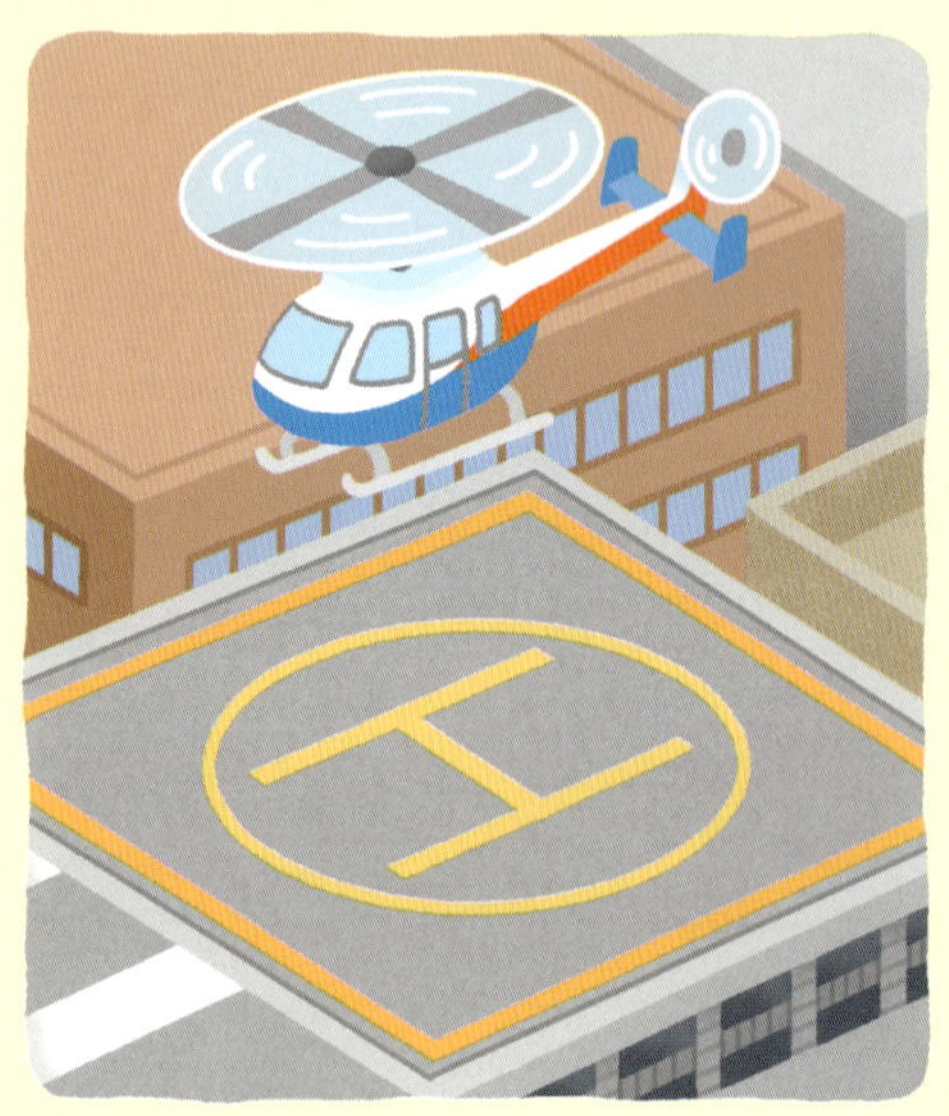

です。また、離着陸する場所には、「H」の形をした「離着陸帯」を、上空から確認しやすい場所に表示することになっています。

また、前後左右に自由に飛べるので、せまい場所やふくざつな地形のところへも、人やものを運んでいくことができます。地震などの災害の様子、道路のこみ具合などを、上空から調べたり、カメラで撮影したりすることもできます。さらにきけんな場所では、人ではなくロボットが操縦する「ロボコプター」が活やくしています。このように、小まわりがきいて便利なヘリコプターは、世界のいろいろなところで活やくしているのです。

おはなしクイズ　ヘリコプターは、上下には動くことができるが、左右には動けない。○か×か？

くつはいつからはくようになったの？

大昔、サンダルは身分の高い人のはきものでした

人類は、今から一万年以上も前から、はきものを使っていたと考えられています。そのころは、野山をかけめぐって狩りをしたり、木の実を集めたりして食料を手に入れていました。地面の熱さや冷たさ、ごつごつした岩から足を守るために、植物をあんだものや動物の皮などで足をおおっていたようです。

今に残る世界最古のはきものは、アメリカのどうくつで見つかった約一万年前のサンダルです。また、エジプトのツタンカーメン王の墓から出てきた約三千五百年前のサンダルも残っています。このサンダルは、身分の高い人だけがはくことができ、多くの人は、はだしのままでした。サンダルは、古代のギリシャやローマ、インドなどでも使われていました。こ

約3500年前のエジプトのサンダル

れらの地域はあたたかいので、足の見える部分が多いサンダル型のはきものが発達したのです。

動物の毛皮でつくった寒い地域のくつ

それに対して、寒い地域や、山や森の中などでくらす人たちの間では、足をしっかり守れるよう、動物の毛皮などで足をつつみこむタイプのはきものが発達しました。

サンダルや、毛皮をふくろ状にしたはきものは、ヨーロッパを中心に、さまざまなくつに変化していきます。馬に乗る軍人や騎士たちは、すねを守るために、じょうぶなブーツ型のくつをはくようになりました。それとともに、毛皮を加工して革にする技術も発展しました。

一三〇〇年代には、ぬかるんだ道でくつがよごれないよう、木の台にサンダルのようなベルトをつけたくつ台が生まれました。のちにこれが、かかとだけを高くしてくつにつけたヒールになったといわれています。

日本では、江戸時代まで、多くの人たちが、げたや、わらであんだぞうりやわらじをはいていました。西洋のくつが広まったのは、明治時代になってからです。

 163ページのこたえ ×

アイロンでしわがのびるのはなぜ?

アイロンの熱に、しわをのばすひみつがあります

アイロンをかけると、服のしわがピンとのびますね。そもそも、服にしわがよるのはなぜでしょう。

服の布地をよく見ると、あんだ糸でできています。その糸は、細い繊維が集まったものです。

この繊維を、「電子けんび鏡」というとても性能の高いけんび鏡で見ると、「分子」という集まりでできていることがわかります。

わたしたちの目では見えませんが、服の布地は、とても細かい分子が、くさりのようにつながってできているのです。

しわのない状態の布は、分子の列がきちんとそろっています。ところが、洗たくしたり、服がこすれたりすると、だんだん列がみだれてきます。その状態でかたまったのが、しわというわけです。

では、アイロンをかけるとどうなるでしょう。まず、アイロンの熱で、

よんだ■■■

もつれてかたまっていた繊維の分子が動きだします。そこへ、アイロンの底面で布をおす力が加わります。

すると、繊維がととのって、分子がきちんときれいに整列します。その状態で固定されるので、しわがなくなり、パリッとした布地にもどるわけです。

また、アイロンのスチーム機能を使って布に蒸気を当てると、繊維が水をすってふくらみ、もとにもどる力が大きくなるので、さらにしわがのびやすくなります。

このように、熱や水分を加えて、もつれた繊維の結びつきを弱くし、もとのように整列させるのが、アイロンのはたらきです。

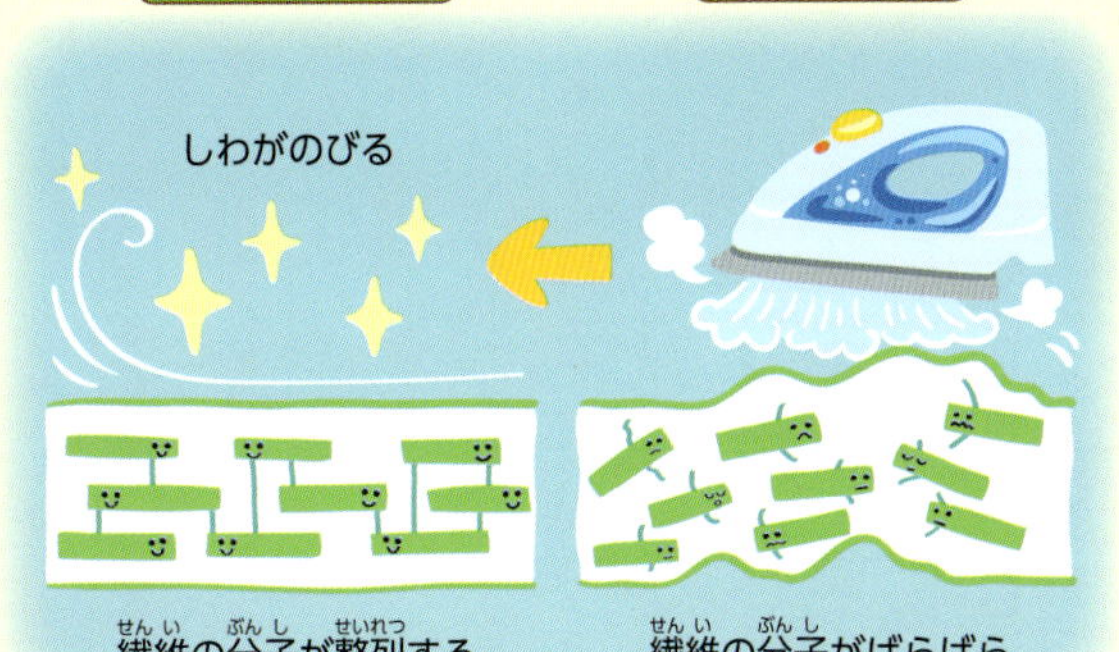

おはなしクイズ しわのない状態の布は、分子の列がきちんとそろっている。〇か×か？

165ページのこたえ あたたかい地域

紙ってなにでできているの？

身近にあるものを原料にして、つくられています

紙を手でやぶったとき、やぶれたところをよく見ると、糸のようなものが出ているのに気づきませんか。これは、紙の「繊維」です。紙は、繊維がからみ合い、何層にも重なって、平らになったものです。この繊維は、木や草などの植物からできています。

紙には「洋紙」と「和紙」がありますが、基本的なつくり方はどちらもよく似ていて、木を細かくくだくところからはじまります。

洋紙は、まず紙のもととなる「パルプ」をつくります。パルプとは、木を機械で細かくくだいたかけらを、薬品といっしょにかまに入れて煮こんで、繊維を取り出したものです。つぎに、ごみを取りのぞいたパルプを、薬品を使って白くします。そのあと、水に入れてほぐし、同じあつさに広げてシートをつくります。そして、そのシートをローラー

よんだ■■■

にはさみ、水分をしぼり取ります。機械を使ってかわかし、表面がなめらかになったらまき取って、完成です。

パルプをつくるところから紙をまき取るまでの作業は、大きな機械の中で、流れるように行われます。

日本で昔から使われてきた和紙も、同じように木を原料にしてつくられます。おもに、強くて長く、からみやすい繊維をもつ、ミツマタやガンピ、コウゾなどの木が使われます。

まず、木の皮を煮こみ、繊維

167ページのこたえ ○

を取り出します。そこに、トロロアオイという植物からとったねばり気のある汁をまぜます。つぎに、大きな水そうの中で、紙をすいていきます。「すきげた」という細かいあみ目のついた道具で汁を何度もすくい、繊維をうすく重ねていくのです。最後に、これをかわかして完成です。

今では機械でつくられている和紙もありますが、伝統的には人の手でていねいにつくられます。

わたしたちが、ふだんなにげなく

和紙のつくり方

①木の皮を煮こみ、繊維を取り出す

②トロロアオイの汁をまぜる

③すきげたで紙をすく

使っている紙は、森や自然からのたいせつなおくりものだったのですね。

資源をむだにしないために、一度使った紙（古紙）を再利用する方法もあります。古紙からパルプを取り出し、再生紙をつくるのです。

ほかに、牛乳パックから取り出したパルプや、ゾウのふんを材料にしても、紙をつくることができます。

④水分をしぼった紙を板にはって、かわかす

おはなしクイズ
一度使った紙（古紙）を原料にして、もう一度新しくつくった紙のことをなんという？

電池ってだれがつくったの？

今の形になるまでに、いろいろな人のくふうがありました

コンセントのいらない電池は、とても便利ですね。しかし、軽くて小さい現在の電池ができるまでには、多くの人のくふうがありました。

イタリアの生物学者ルイージ・ガルバーニは、死んだカエルの足が鉄のぼうと針金でピクピク動くことを発見。一七九一年、カエルの筋肉や神経に、電気があると発表しました。しかし、イタリアの物理学者アレッサンドロ・ボルタは、鉄のぼうと針金が筋肉に電気を流したと考えます。

一八〇〇年にボルタが、自分の考えをたしかめようとつくった装置が、世界初の電池となりました。

この電池は、二種類の金属の間に、食塩水でぬらした布をはさみ、いくつも重ねたものです。

ボルタがつくった電池

よんだ■■■

金属は種類によって、電気を通す力がちがいます。電池はこの力の差を利用して、電気をつくるのです。

このボルタの電池が、現在の電池のもとになりました。ただ、食塩水を大量に使うので、大きいうえ、運ぶのがたいへんでした。

「液体式ではなく、かわいた電池にすれば使いやすいのではないか」

そう思いついたのは、日本の時計職人だった屋井先蔵です。

一八八五年、屋井は電池で正確に動く電気時計を発明します。しかし、液体式電池は使いづらいため、新しい電池の研究をしていたのです。

その結果、液体をどろどろにして、こぼれにくく運びやすい「屋井乾電池」を完成させました。一八八七年、屋井が二十四歳のときです。

ただ、屋井には発明の証明になる特許を取るお金がなかったため、翌年、特許を取った、ドイツのカール・ガスナーの名前が世界中に広まりました。

屋井乾電池

しかし、屋井の努力のあとは「乾電池」という言葉に、残されています。

おはなしクイズ
電池を発明するきっかけになった生きものは？
㋐ネズミ　㋑ヘビ　㋒カエル

171ページのこたえ　再生紙

ためしてみよう

糸電話で遊ぼう！

糸電話の糸をふやして、みんなでおしゃべりしましょう。

1 紙コップの底にあなをあけて糸を通し、短く切ったストローなどに結び固定する。糸の反対側には、クリップを結びつける。

がびょうや千枚通しなどであなをあける。

糸がたるんだり、とちゅうを指でつまんだりすると、音が聞こえなくなるよ。

2 ❶を、遊ぶ人数分同じようにつくり、クリップどうしをつなげれば完成。遊ぶときは、広い場所を使って、糸がたるまないようにぴんとはる。

ナイロン糸や毛糸など、いろいろな糸でためしてみましょう！

あなをあけるときは、けがをしないよういっしょに見てあげてください。遊ぶときは、ある程度、距離をとったほうがよいので、１メートル以上の糸を使うといいでしょう。また、糸の種類を変えて聞こえ方をくらべるときは、すべて同じ長さにしましょう。

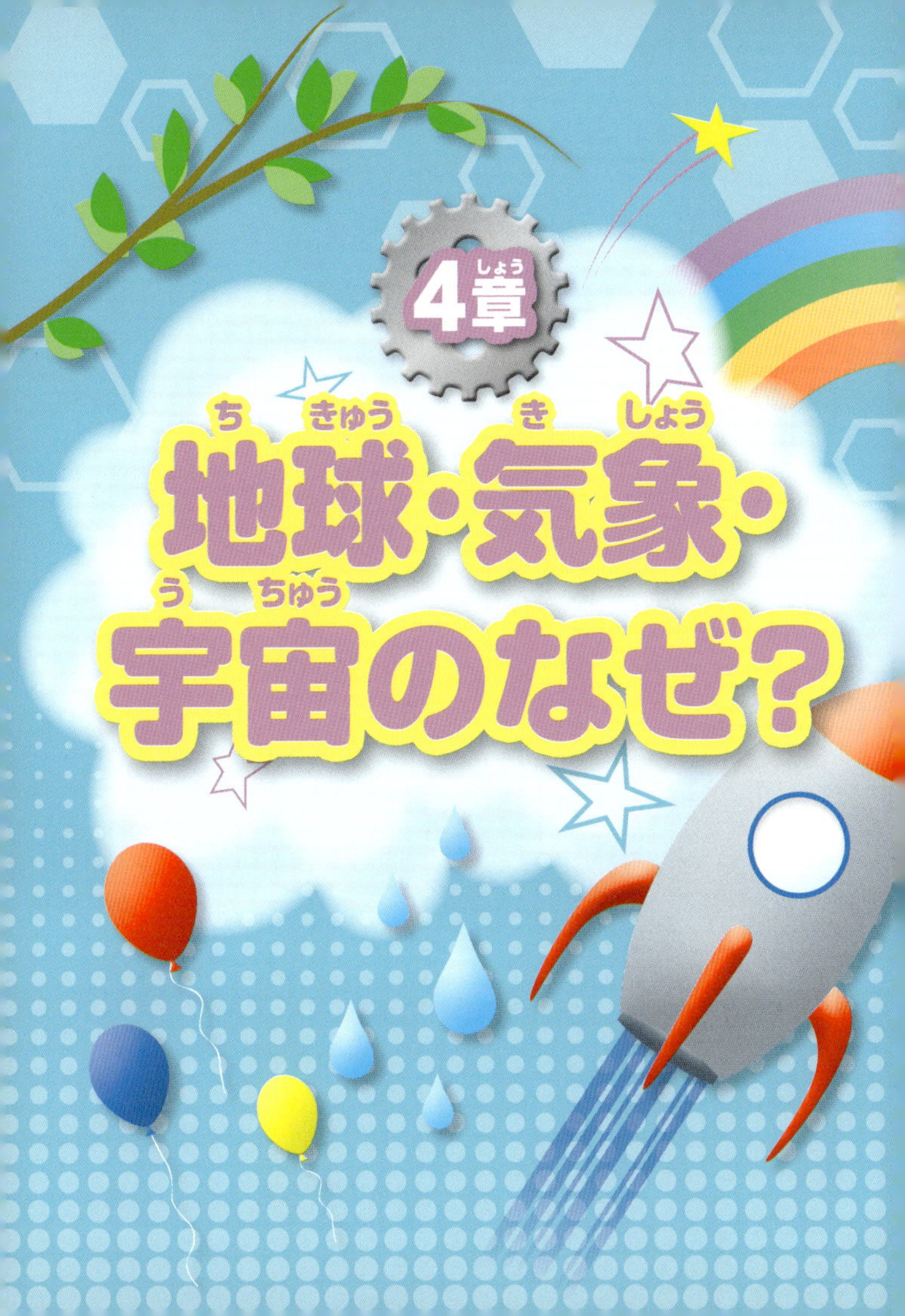
4章
地球・気象・
宇宙のなぜ？

飛行機雲は飛行機の出すけむりなの？

晴れた日の空に、長くのびる白い雲の正体とは……

――青空に、きらりと光る飛行機の機体。そのうしろには、白い帯のような雲がのびている。――

みなさんは、こんな飛行機雲を見たことがありますか。

飛行機雲は、どこにでもできるわけではありません。飛行機雲ができるのは、だいたい地上六〇〇〇メートルより高い空です。そこでは気温がとても低く、マイナス何十度にもなっています。

飛行機が飛ぶとき、エンジンから出る排気ガスには、水蒸気がたくさんふくまれています。六〇〇〇メートル以上の上空で、熱いエンジンから外に出された水蒸気は、急に冷やされることで、一気に氷のつぶになります。

この氷のつぶの集まりが、下から見ると白い雲に見えるのです。これが飛行機雲の正体で、飛行機のエンジンから出たけむりではありませ

よんだ■■■

おはなしクイズ

飛行機雲は、なんのつぶが集まってできる？

冷やされて氷のつぶになる

エンジンから出る水蒸気

氷のつぶが集まって飛行機雲になる

ん。飛行機雲は、ふつうの雲と同じく、水蒸気からできたものなのです。

ところで、飛行機雲は、なかなか消えないときと、できてすぐに消えるときがありますね。なかなか消えないで、どんどん形が変わるときは、上空にしめった空気が流れこんでいて、雲が成長しやすくなっています。そのため、つぎの日は雨になることが多くなります。

逆に、すぐに消えるときは、上空の空気がかわいていて、雲を形づくる氷のつぶがどんどん蒸発しています。こんなときは、つぎの日も晴れる確率が高くなります。

173ページのこたえ ㋒カエル

虹はどうして七色なの？

雨上がりの空に、太陽と反対の方向にできます

虹は、とてもきれいなものですね。そんな虹の正体は、じつは、わたしたちがいつもあびている太陽の光なのです。

太陽の光は、ふだんは白っぽく見えますが、本当はいろいろな色の光が集まったものです。

そのことは、光の色を分けることができる「プリズム」という三角柱のガラスに、太陽の光を当ててみるとわかります。太陽の光は、プリズムを通るときに折れまがり、赤、だいだい、黄、緑、青、あい、むらさきの七色に分かれて出てきます。

プリズムは、水を入れたペットボトルやガラスのコップでもかわりになるので、太陽の光を当ててためしてみるといいでしょう。

光は、通りぬけるもののさかい目で、折れまがる性質があります。さらに、折れまがる角度は、光の色によって少しずつちがいます。七つの

色は、それぞれちがう角度で折れまがるのです。太陽の光が七色に分かれるのは、こうした理由からです。

そして、雨つぶがプリズムの役目をしてできるのが、虹です。

雨上がりには、小さな雨つぶが、まだ空中にいっぱいただよっています。その雨つぶの中へ、雲から顔を出した太陽の光が当たって折れまがり、七色に分かれるのです。

虹が見えるのは決まって、太陽と反対の方向です。太陽の光が雨つぶにはね返って、わたしたちの目に飛びこんでくる光の先に虹が見えるのです。

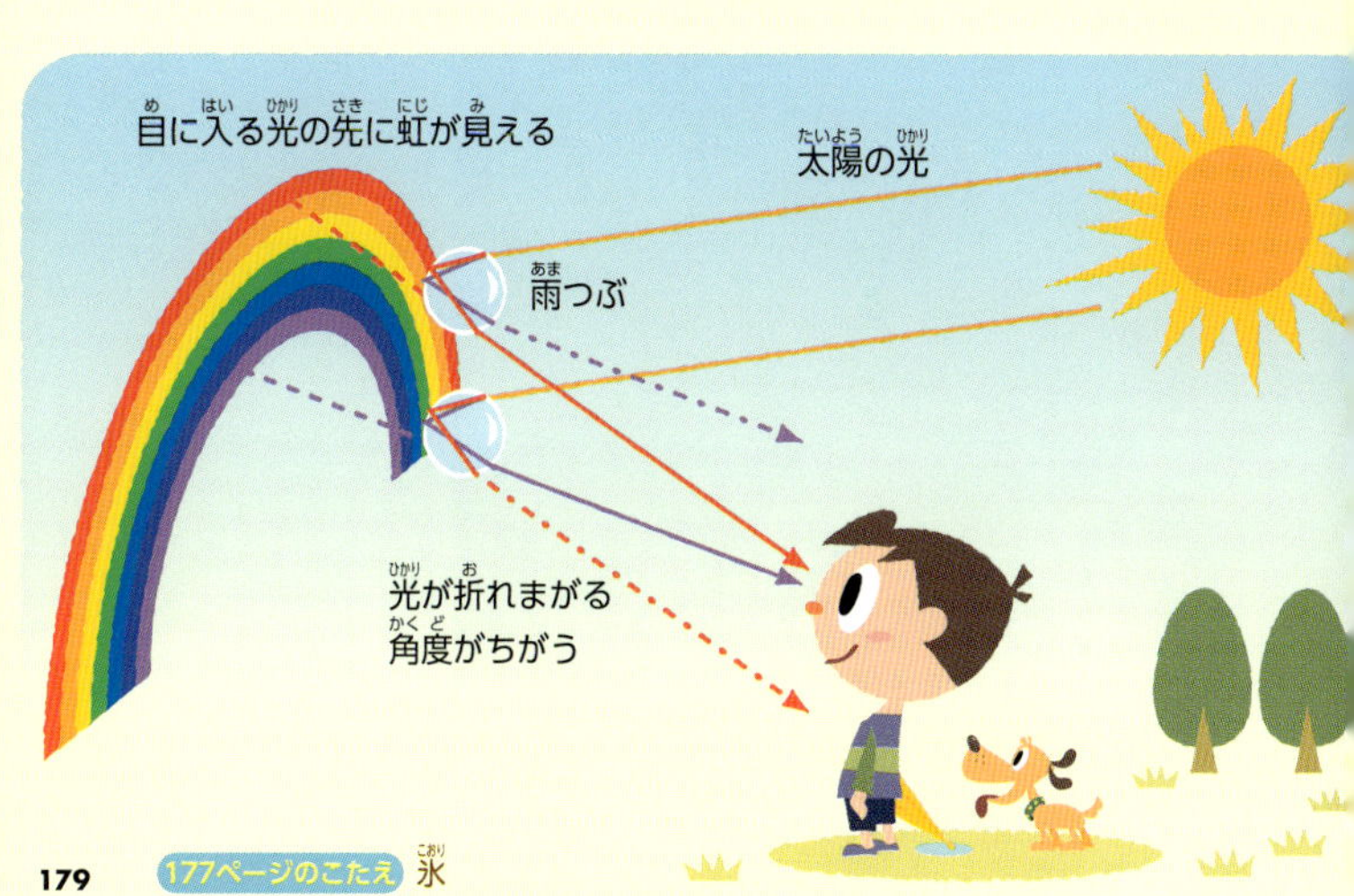

177ページのこたえ 氷

宇宙人って本当にいるの？

地球のような惑星のどこかにいるかもしれません

夜空を見上げると、たくさんの星が光っています。その中のどれかに、宇宙人がいるのではないかと思う人は少なくないでしょう。

しかし、残念ながら、自分で光を出す星である「恒星」には、宇宙人はいないと考えられます。それは、恒星は

よんだ■■■

太陽と同じで、とてつもなく温度が高く、生きものがくらせないからです。

ですから、宇宙人がいるとしたら、地球のように、恒星のまわりにある「惑星」にいると考えられています。

ただし、惑星の中でも、恒星に近すぎると、温度が高すぎ、生きものにとって、なくてはならない水が蒸発してしまいます。逆に、恒

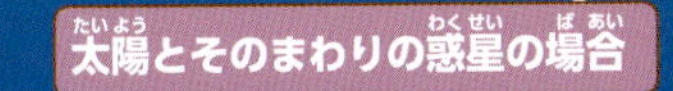

179ページのこたえ　太陽

星からはなれすぎると、今度は温度が低すぎて水がこおり、生きものは生きられません。温度もちょうどよく、水がたくさんある地球のような惑星なら、宇宙人がいるかもしれません。

しかし、惑星は、自分で光を出さないので、どこにあるのかを見つけるのはむずかしいのです。それでも、宇宙望遠鏡などを使って、太陽系の外にある惑星が千個以上見つかっています。その中に、生きもののいる星がないとはかぎりません。

これまで、天文学者やアメリカ航空宇宙局（NASA）は、宇宙人に向けて、地球からメッセージを送ってきました。

一九七四年には、プエルトリコにあるアレシボ天文台が、ヘルクレス座の「球状星団M13」に向けて、数字や人間の形、地球の人口などを電波信号に変えて送りました。しかし、球状星団M13にメッセージがとどく

ヘルクレス座の球状星団M13

地球・宇宙

のは、計算によると、二万五千年後といわれています。そのため、もし宇宙人がいて、すぐ返事をくれたとしても、地球で受け取るのは、さらに二万五千年たってからです。

　このように、宇宙人さがしはとてもむずかしく、ものすごく時間がかかります。

　今のところ、地球以外で生きものが見つかったことはありません。また、「これが宇宙人からのメッセージだ」といえるものもとどいていません。しかし、どこかの星に宇宙人がいてもふしぎではないでしょう。

おはなしクイズ

地球のように、恒星のまわりにある星をなんという？

㋐惑星　㋑すい星　㋒衛星

星座ってだれが見つけたの？

たくさんの人が名前をつけ、多くの星座が生まれました

星座が生まれたのは、今から五千年以上も前のことです。メソポタミア地方（今のイラクの一部）に住んでいた羊飼いたちが、羊の番をしながら、星空をながめてつくったのがはじまりといわれています。

その当時のメソポタミアの人たちにとって、星は、時間や季節のうつり変わりを知るうえでたいせつなものでした。それぞれに名前をつけて、星の動きを知ったのです。

やがて、星座はギリシャに伝わり、ギリシャ神話とむすびついて数がふえていきます。

二世紀には、ギリシャの天文学者プトレマイオスが星の動きを整理して、星座を四十八にまとめました。これが、現在の星座のもとになっています。

十五世紀になると、ヨーロッパの人たちが船に乗って地球の南側に行くようになり、それまで見たことの

なかった星で、星座をつくるようになります。こうした新しい星座づくりは、十七世紀にさらに流行し、どんどん星座がふえていきました。

星座がつくられたのは、ヨーロッパだけではありません。中国では、二千四百年前に「二十八宿」という星座がつくられました。中央アメリカのマヤの人たちも、独自の星座

をつくっていました。

このように、星座は世界のいろいろなところでつくられていたので、同じ星にちがう星座の名前がつけられているなど、こんらんが起きるようになっていきます。

そこで、一九二八年に国際天文学連合の第三回総会で、星座は世界共通のものに統一され、八十八の星座が決められました。

おはなしクイズ
現在、世界で統一されている星座の数はいくつ？ ㋐四十八 ㋑八十八 ㋒百二十八

183ページのこたえ ㋐惑星

空と宇宙のさかい目ってどこ?

空気はどこまであるのでしょうか

地球を取りかこむ大気(空気の層)がある地上から五〇〇キロメートルまでのことを、「大気圏」とよびます。それより上の「外気圏」には、ほとんど空気がないので、そのあたりが、空と宇宙のさかい目といってよいでしょう。

大気圏は四つに分けられます。

地上から一〇キロメートルまでの「対流圏」では、上へ行くほど気温が下がります。冷たい空気と温かい空気の対流が起こり、水蒸気が冷えて雲になり、雨や雪をふらせます。

対流圏より上の五〇キロメートルまでの「成層圏」では、上へ行くほど気温が上がります。ここには、「オゾン層」があり、生物があびすぎると害になる紫外線を吸収します。

成層圏の下のほうは、天気が変わらないため、ジェット機はそのあたりを飛びます。ただし、そのすぐ下には、「ジェット気流」という強い

地球・宇宙

西風がふいていて、飛行機は追い風や向かい風の影響を受けます。

　地上から五〇〜八〇キロメートルまでの「中間圏」は、空気がうすく、気温はマイナス九〇度ほどに下がります。ここには、地上からの電波を反射する「電離層」があり、電波を遠くへ飛ばすはたらきがあるため、通信に利用されています。

　地上から八〇〜五〇〇キロメートルは、「熱圏」とよばれ、本当にわずかしか大気がありません。オーロラがあらわれるのもこの区域で、地上からだいたい一〇〇〜五〇〇キロメートルくらいです。流れ星が見えるのも、熱圏から中間圏のあたりの区域です。

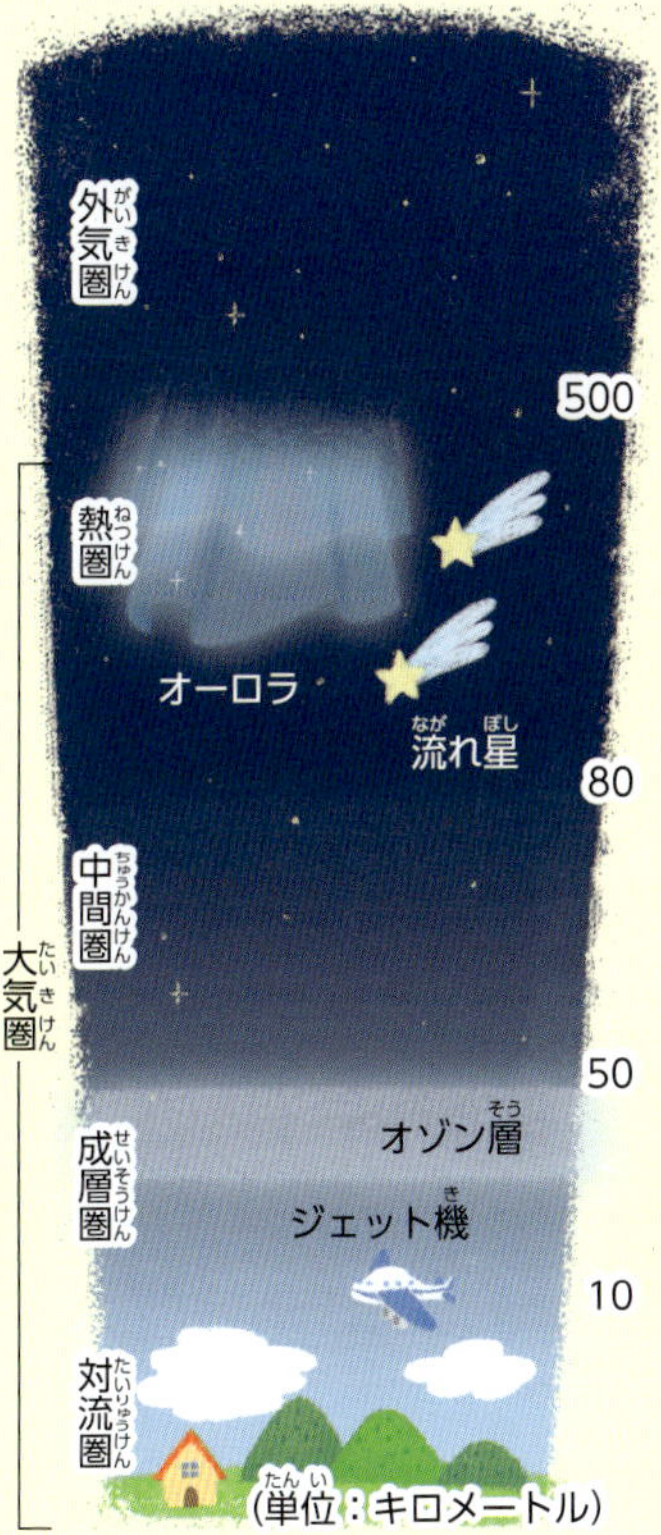

おはなしクイズ
オーロラが出るのは、どのあたり？
㋐対流圏　㋑成層圏　㋒熱圏

185ページのこたえ　㋑八十八

春・夏・秋・冬があるのはどうして？

夏は暑く冬は寒くなるのは、なぜでしょう

日本は、「春」「夏」「秋」「冬」の四季がはっきりした国です。なぜ、四季が生まれるのでしょうか。それには、太陽の光が関係しています。

春夏秋冬、それぞれの日差しを思いうかべてみましょう。春はぽかぽかとあたたかく、夏はぎらぎらと照りつけます。秋や冬になると、日差しはやわらかくなります。この感じ方のちがいが生まれるのは、太陽の光が当たる「時間の長さ」と、受け取る「熱の量」が変わるためです。

よんだ■■■

太陽は、朝、東からのぼって南の空を通り、夕方になると西にしずみます。この太陽の通り道は、季節によって少しずつ変わります。方角は同じですが、夏と冬をくらべてみると、夏の太陽のほうが長い時間出ていて、空の高いところを通ります。

太陽が高いところにあると、日差しは上のほうから当たります。

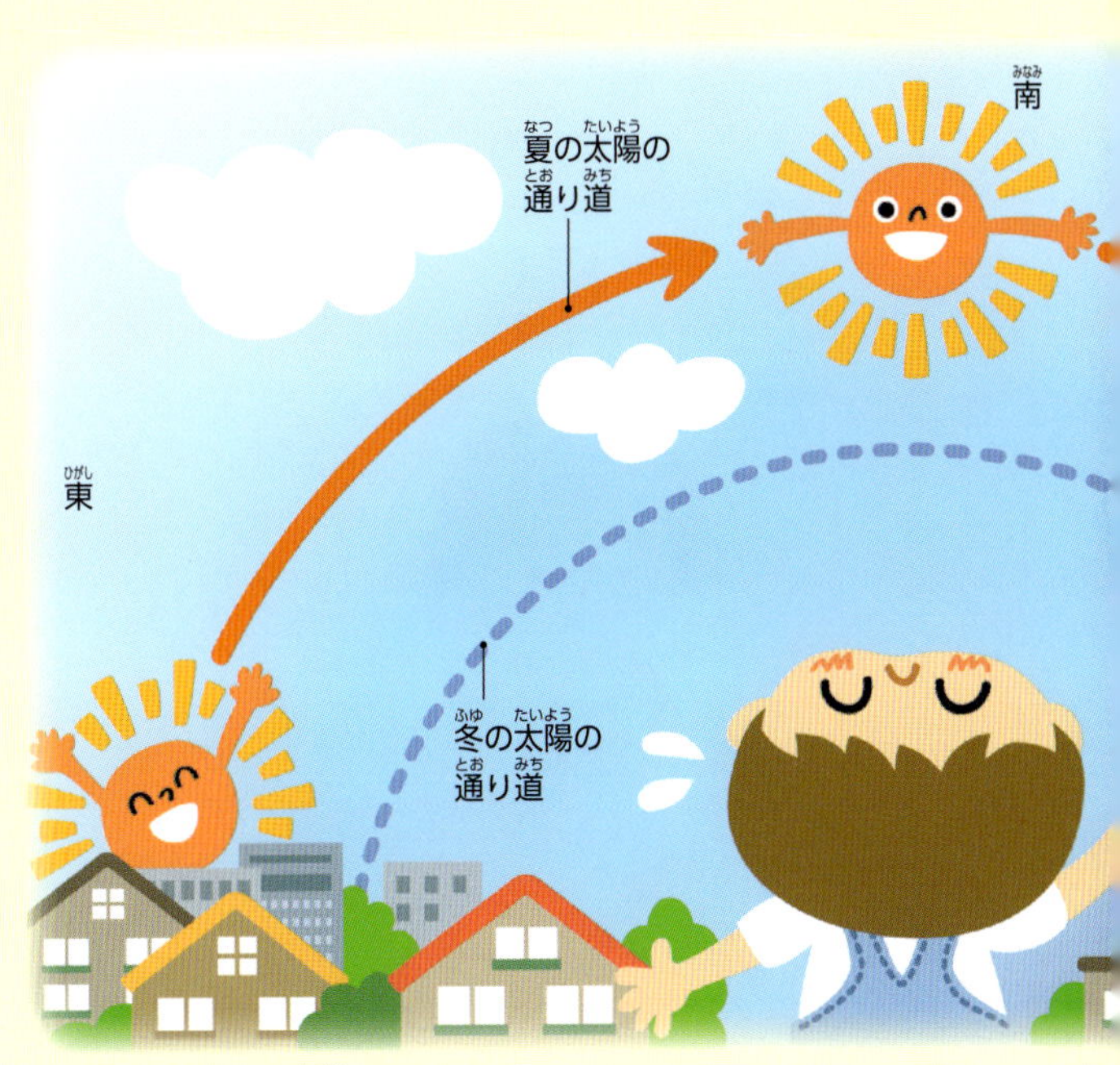

187ページのこたえ ウ熱圏

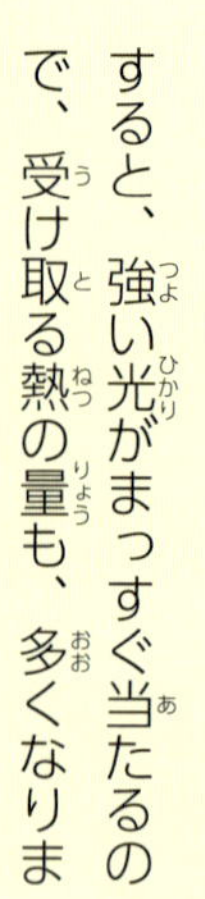

すると、強い光がまっすぐ当たるので、受け取る熱の量も、多くなりま

す。冬は反対に、太陽が空の低いところを通るので、光がななめから当たるため広がって弱くなり、熱の量も少なくなります。

日本で太陽が一番高くのぼるのは、六月の半ばごろの「夏至」の日です。雲の量や天気によってもちがいますが、高いところから太陽の光が当たるので、日差しは強くなります。けれど、日本の暑い夏といえば、七月と八月ですね。

これは、太陽の光が地面に当たってから空気が温められるまでに、少し時間がかかるためです。たとえば、ストーブをつけてから部屋全体の空気が温まるまでに、時間がかかるのと同じです。そのため、夏至から一か月ほどおくれて気温が上がり、暑い夏がやって来るのです。

ほかにも、日本では、六月ごろに梅雨をむかえるため、気温が上がりにくいという理由もあります。

また、「季節風」とよばれる風も関係しています。日本では、夏になると南から温かい風が、冬になると北西から冷たい風がふきます。

このように、太陽の通り道や空気の温まり方、季節風などのいろいろな理由が組み合わさって、春夏秋冬が生まれているのですね。

おはなしクイズ
日本では、夏になると太陽の高さはどうなる？　㋐高くなる　㋑低くなる

噴火する山としない山があるのはなぜ?

富士山が、日本一高い山になったひみつとは……

噴火するか、しないかのちがいは、その山が、地下に「マグマ」がある火山かどうかでわかります。

マグマというのは、岩が地下の熱でとけたもので、それが外へふき出すのが「噴火」です。つまり、マグマがある火山が噴火するのです。

マグマがなぜふき出すのかというと、岩はとけると軽くなり、山の上のほうへのぼってくるからです。

また、マグマは、いっぺんに外へ出てしまうわけではありません。マグマが山の上のほうにたまるとふき出すため、火山によっては、数十年から数千年の間をおいて、噴火をくり返します。

鹿児島県にある桜島のように、いつも噴火していれば、すぐに火山だとわかります。でも、今は噴火していない富士山も、じつは火山なのです。およそ三百年ほど前に噴火したという記録が、昔の書物に残ってい

よんだ■■■

ます。また、地下にマグマがあることも、調査などでわかっています。

富士山が日本一高い山になったのは、噴火をくり返し、外に出たマグマが溶岩となって積もったからです。火山である富士山は、これからも噴火するおそれがあります。

過去一万年以内に噴火した火山や、今も活発に活動している火山は、日本に百十もあります。日本は、世界でも火山が特に多い国です。そのわけは、日本列島が「環太平洋火山帯」という、火山ができやすいところの上にあるからです。

火山の噴火は大きな被害をもたらしますが、火山があるといいこともあります。ふき出した溶岩によってふしぎな景色が生まれ、観光に役立ったり、マグマの熱で温泉がわいたりするのです。

富士山の中の火山

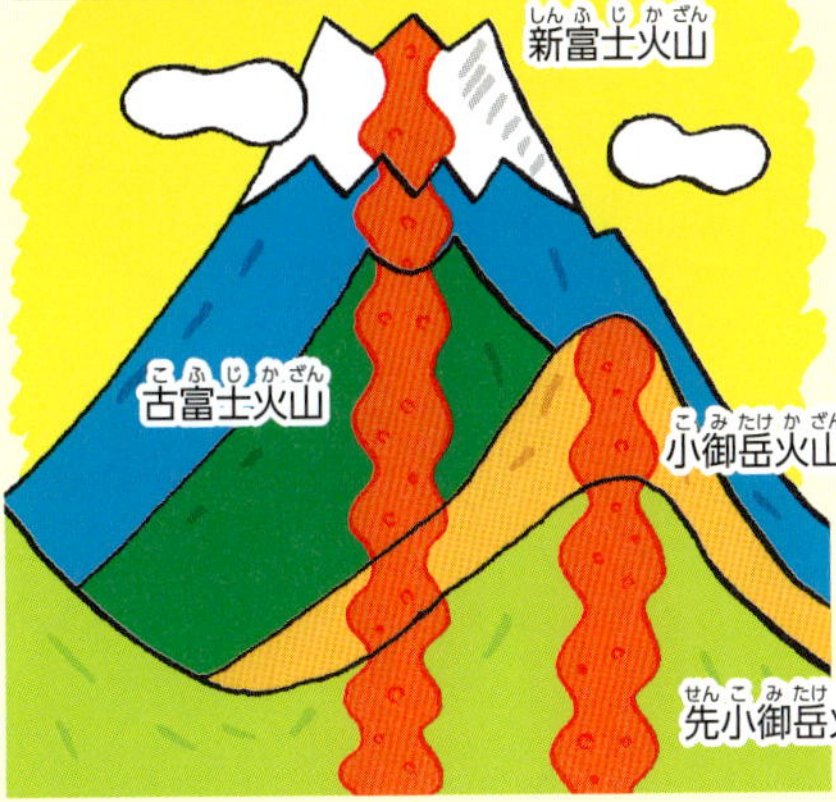

新富士火山
古富士火山
小御岳火山
先小御岳火山

おはなしクイズ
富士山が噴火したのは、およそ何年前？
㋐百年前
㋑二百年前
㋒三百年前

191ページのこたえ ㋐高くなる

風はなぜふくの？

わたしたちは、空気の動きを風として感じています

「風がふく」というのは、言いかえると、「空気が動いている」ということです。

たとえば、おふろに入っているときにふろ場のドアを開けると、外から風が入ってきますね。つまり、このときわたしたちは、空気の動きを風として感じているのです。

では、なぜ空気は動くのでしょう。その一番大きな理由は、温度のちがいです。

空気には、温度が上がると軽くなる性質があります。ふろ場のドアを開けたとき、ふろ場の中の温かくて軽い空気は、上のほうから外へ出ていきます。そして、もともと温かい空気があったところに、外から冷たくて重い空気が入ってきます。

外でふく風も、このように温かい空気と冷たい空気がまざり合うことで起きるのです。太陽の熱で温められた空気は、軽くなって上空へと上

よんだ ■■■

がっていきます。そのあとには、まわりから冷たく重い空気が流れこんできます。これが、風がふく基本的なしくみです。

地球上では、これと似たようなことが、広い範囲で起きています。海の上と陸の上の空気をくらべると、水は温度の変化が起きにくいた

193ページのこたえ ㋒三百年前

め、海面上の空気の温度は一日中あまり変わりません。いっぽう、陸は温まるのも冷えるのも速いので、陸上の空気は一日の温度差が大きくなるのです。

太陽の熱を受ける昼間は、地表の空気が先に温まります。そこへ海面上の冷たい空気が流れ、風がふきます。この、海面から地表へとふく風を「海風」といいます。

反対に、日がしずむと地表の空気が先に冷え、地表から海面へと風がふきます。これを「陸風」といいます。

このほかに、季節の温度の変化でも風は起きます。夏と冬の温度差によって起きる「季節風」という大きな風です。

夏は、太陽の光がたくさん当たり、大陸の温度が高くなるので、海から大陸へと風がふきます。

冬には、大陸が冷えるので、大陸から海へと風がふくのです。冬にふく風が冷たいのは、日本の北にあるロシアのシベリア方面の大陸から、冷たい空気のかたまり（シベリア気団）が流れてくるからです。

雨や雪がふるのはどうして？

水は、温められたり冷やされたりすると、状態が変わります

みなさんは、雨や雪がどうしてふるのか、知っていますか。

川や海などの水や、雨がふったあとに地面にしみこんだ水は、太陽の熱によって温められて蒸発します。そして、目に見えない水蒸気になって、上空へのぼっていきます。

空気は、空の高いところに行くと温度が下がるため、運ばれていった水蒸気は冷やされます。すると、水のつぶどうしがくっついて、目に見えるほどの大きさになります。この水のつぶがたくさん集まってできたものが、雲です。じつは、雨や雪は、この雲から生まれるのです。

雨には、「冷たい雨」と「温かい雨」があり、それぞれ、できかたが少しちがっています。

日本などの、温帯地方より北の地域でできる雨は、「冷たい雨」です。冷たい雨をふらせる雲の中の温度は0度以下なので、水のつぶは、す

冷たい雨
氷のつぶ
とけて雨になる

温かい雨
水蒸気
たくさん集まって雨になる

ぐにこおって氷のつぶになります。氷のつぶは、雲の中の水分を吸収して大きくなります。

この氷のつぶが、雲からふってくるとちゅうでとけると、「冷たい雨」となります。また、そのままとけずにおりてきて、地上の冷たい空気に冷やされると、雪になります。

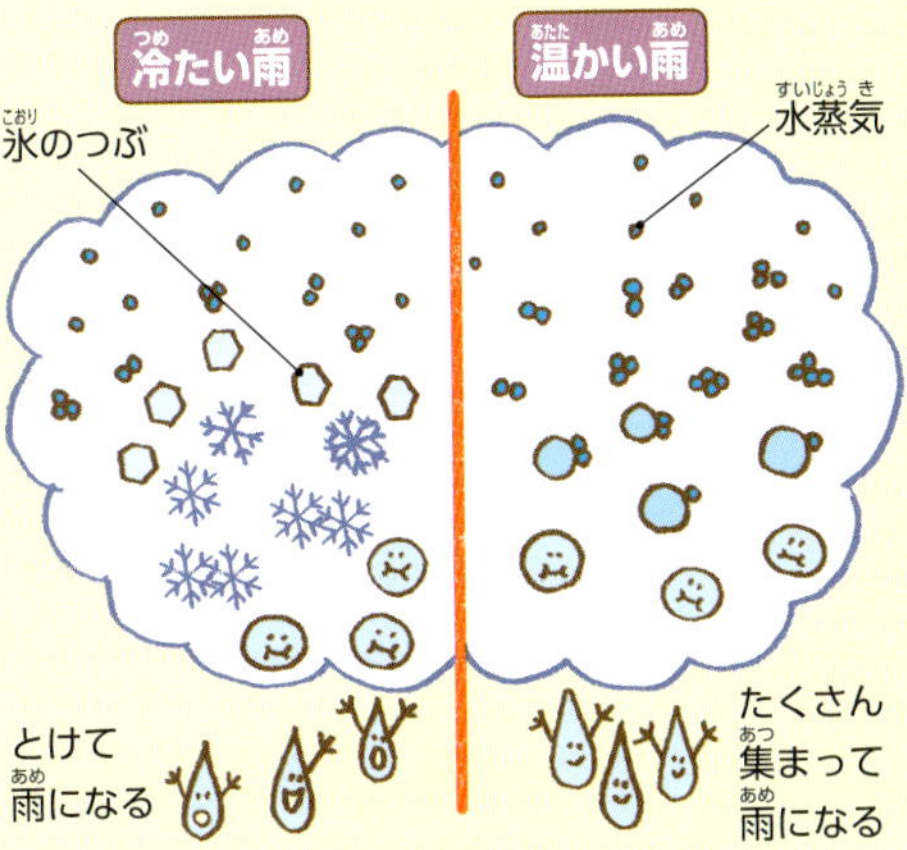

これに対して、熱帯地方でふるのは、「温かい雨」です。日本でも、暑い季節にふります。

熱帯地方の雲は、低いところにでき、中の温度は0度以上なので、氷のつぶはできません。水蒸気は、雲の中でたがいにくっついて大きくなり、水のつぶになります。さらに水分を吸収して水のつぶがどんどん大きくなり、重さにたえられなくなると、雨となってふってくるのです。

おはなしクイズ
雲はなにがたくさん集まってできたもの？

197ページのこたえ 昼

雪を人工的につくることができるって本当？

世界ではじめて、人工雪をつくることに成功した日本人がいます

雪の結晶の美しさにひかれ、世界ではじめて人工雪をつくった日本人がいます。「雪博士」とよばれた、中谷宇吉郎です。

宇吉郎は、明治時代の終わり、一九〇〇年に、石川県に生まれました。高校生のとき、アインシュタインの相対性理論という、時間と空間についての考え方と出合い、物理の道へ入る決心をします。

進学した東京帝国大学（今の東京大学）では、すぐれた物理学者の寺田寅彦の指導を受け、卒業後は寺田のもとで、電気で起こす火花などの研究をつづけます。

雪の研究をはじめたのは、北海道帝国大学（今の北海道大学）の研究者になって二年後の一九三二年です。アメリカの雪の写真家、ウィルソン・ベントレーによる雪の結晶の写真集を見て、その美しさに感動したのです。

中谷宇吉郎

伝記

宇吉郎は、十勝岳という山で、雪の結晶の写真をとりはじめました。その数は、数年で約三千まい。さらに、とった写真をもとに、針や柱の形、六角形など、結晶の形ごとに、グループ分けを進めました。十勝岳は、世界中で見られるさまざまな形の雪の結晶のほとんどが見られる、

199ページのこたえ 水のつぶ

特別な場所だったのです。

順調に進む研究で最大の問題は、雪がふる秋と冬しか研究ができないことでした。宇吉郎は思いました。

「自分で雪の結晶をつくりたい」

やがて、部屋の温度をマイナス五〇度まで下げられるようにした、特別な研究室が大学に完成し、宇吉郎の人工雪づくりのチャレンジがはじまりました。

雪の結晶は、中心に「核」がないとできません。自然の雪は、小さなちりが核です。実験では、ちりのかわりに、いろいろな動物の毛をつるして、そこで結晶を成長させること

伝記

にしました。実験装置は、ガラス管の中で水蒸気を発生させ、それが冷えると、上につるしてある動物の毛に、結晶ができるしくみです。

こうして、一九三六年三月、ウサギの毛を核にして、世界初の人工雪の結晶をつくることに成功します。きれいな六角形の結晶でした。

やがて、温度と水分量を変えると、結晶の形が変わることがわかりました。反対に、結晶の形を見れば、温度と水分量がわかるのです。この関係をまとめた図表は、「中谷ダイヤグラム」とよばれ、世界に広まりました。

ほかにも、宇吉郎は、雪についての本や資料をたくさん書き残しています。

おはなしクイズ

雪の結晶の中心にかならずあるものは、なに？

㋐氷のつぶ　㋑核　㋒動物の毛

ブラックホールってなに？

目に見えず、強い力でまわりのものをすいこみます

宇宙にはいろいろな星があります。太陽のように、自分から光や熱を出している天体を、「恒星」といいます。恒星にも人間と同じように寿命があり、どのような最後をむかえるかは、星の重さによって変わります。

太陽の三十倍以上の重さがある恒星は、超新星爆発という大爆発を起こしたあと、「ブラックホール」になります。

ブラックホールになる星は、超新星爆発のあと、自分の重さをささえきれなくなり、中心に向かってひたすらちぢんでいきます。光までも中心に引きずられていくため、目には見えません。その様子がまるで黒いあなのようなので、ブラックホールと名づけられました。

それでは、目に見えないのに、なぜ、ブラックホールがあることがわかったのでしょうか。

地球・宇宙

最初に見つかったブラックホールは、もうひとつの星とペアになって、引力によって引き合い、たがいのまわりをまわっていました。そして、もうひとつの星からガスをすい取っていたのです。すい取られたガスは、高速で回転して高温になり、目に見えないX線を大量に出します。このX線を観測して、ブラックホールを見つけることができたのです。

一九九〇年代になると、死んだ星からできるものより、ずっと大きなブラックホールがあることもわかってきました。

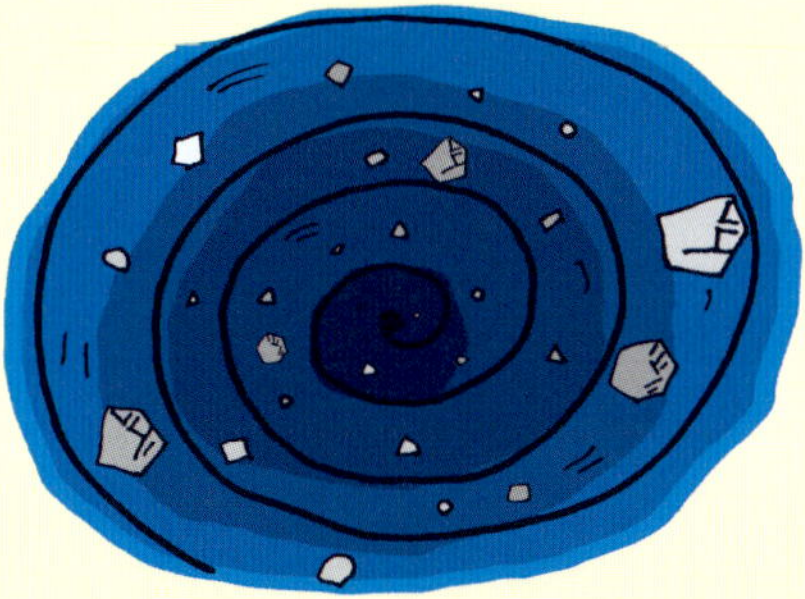

それは、銀河の中心にあるブラックホールです。太陽系がある銀河の中心にも、巨大なブラックホールがあることがわかっています。ただ、中心にブラックホールがない銀河もあり、そのしくみはまだわかっていません。

また、小さいブラックホールほど寿命が短く、最後は爆発して蒸発すると考えられています。

おはなしクイズ　太陽のように、自分から光や熱を出している天体をなんという？

203ページのこたえ ㋑核

日本と外国で時間がちがうのはどうして？

地球が「自転」をしていることと、関係があります

太陽は、朝、東の空からのぼって、夕方、西の空へしずみます。まるで太陽が動いているように見えますが、動いているのは地球のほうです。

地球は、北極と南極を軸にして、東向きに回転しています。これを、「自転」といいます。そのため、太陽が東からのぼってくるように見えるのです。地球はおよそ二十四時間かけて、一回自転しています。

一日の長さとは、この自転一回にかかる時間のことです。

昼間とは、太陽がのぼってからしずむまでの時間です。家に地球儀があれば、少しはなれたところから電球の光を当ててみてください。電球に近いほうの半分が明るく、反対側の半分は、かげで暗いことがわかります。つまり、明るい半分は、太陽が当たる昼間で、かげの暗い半分は、夜ということです。日本が太陽の真正面にあるとき、日本のうらにある

よんだ■■■

205ページのこたえ 恒星

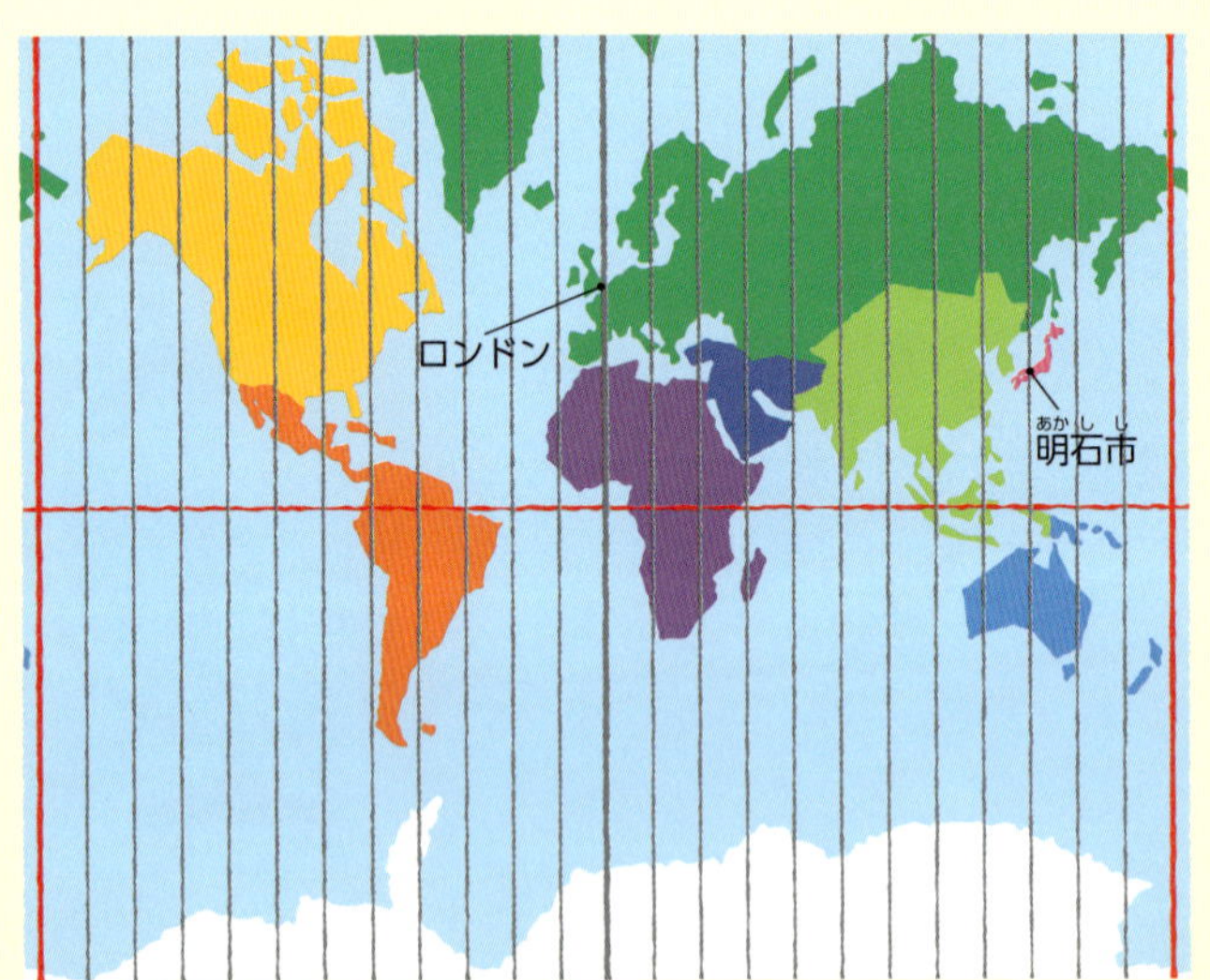

国は、かげの中で真っ暗ですね。

では、地球儀を東の方向にまわしてみたとしましょう。明るい部分がずれていきますが、明るい昼間は、つねに地球の半分だけです。日本から見ると、太陽は西へかたむいていきます。そして、かげの部分に入ると、太陽がしずんで夜になります。

さて、地球はいつも半分が昼で、半分が夜ということがわかりました。この状態で、もし世界中のどこでも同じ時刻だったら、どうでしょう? 同じ時刻なのに、昼の国と夜の国があって、とても不便ですね。

そこで、地球を、北極と南極の軸を中心に、たてに二十四の地域に分けて、さかいの線をこえるたびに時刻を一時間ずつずらすのです。世界の時刻の基準となる最初の線は、イギリスのロンドン（グリニッジ天文台）を通っています。

ロンドンから、東にかぞえて九本目の線が、日本の兵庫県明石市を通っています。そこで、日本では明石市の時刻を日本全体の標準時と決めています。

つまり、日本の時刻は、ロンドンより九時間進んでいることになります。たとえば、日本が昼の十二時のときには、ロンドンは、夜中の三時です。この差を「時差」といいます。

おはなしクイズ
日本の標準時はどこで決まる？
㋐北海道　㋑東京都　㋒兵庫県

台風はどこからやって来るの？

天気図を見ると、いつも西のほうからやって来る気がしますが……

台風が生まれるのは、日本の南側にある赤道近くの温かい海です。海水は、太陽の熱で温められ、水蒸気という目に見えないほどの小さな水のつぶになって空にのぼり、雲をつくります。

このとき、空気の流れが起きて、雲の中心に向かって強い風がふきこみます。水分をたくさんふくんだ雲はしだいに大きくなり、地球の自転の影響も受けて回転しはじめます。

こうしてできた大きな雲のうずが、台風になるのです。

中心近くにふく風の速さが、秒速一七・二メートル以上になったものが台風で、それより弱いものは「熱帯低気圧」とよばれます。

海の上にいる間、台風はどんどん成長します。海から発生するたくさんの水蒸気が、台風を大きくするエネルギーになるからです。反対に、大陸の上では水蒸気の量がへるの

よんだ■■■

で、台風の力は弱まって、熱帯低気圧となり、やがて消えていきます。

さて、南の海で生まれた台風は、いったいどうやって日本までやって来るのでしょうか。

台風は、まず、東からふいてくる風におされて、西や北西のほうに進みます。そして、西側の大陸からふいてくる風におされると、方向を変えて、日本に近づいてきます。

このふたつの風におされてやって来るため、台風はいつも、西側から日本に近づいてくるのです。

日本に台風を運んでくる風は、季節によって、ふく向きが変わります。

南の海では一年中台風が生まれていますが、六〜十月ごろは、ちょうど日本に向かうような方向に風がふいているので、その時期は、台風の直撃が多くなるのです。

秒速17.2メートル以上

おはなしクイズ
台風はいつも、東側から日本にやって来る。○か×か？

209ページのこたえ ㋒兵庫県

日食ってどうして起こるの？

太陽と月と地球のならび方に、ひみつがあります

みなさんは、日食を見たことがありますか。日食が起こると、昼なのにあたりがうす暗くなったり、夜のように真っ暗になったりします。なぜ、そんなことが起こるのでしょう。

月は地球を中心にまわり、地球も太陽を中心にまわっています。この回転はずっとつづいていますが、あるとき、月が地球と太陽の間に入って、太陽がかくれてしまうことがあります。これが、「日食」です。

月は、自分で光を出しているわけではなく、太陽の光を反射することで光っています。そのため、「太陽↓月↓地球」の順にならぶと、地球からは、月の光っている面が見えなくなります。月のかげに入った太陽の光もさえぎられてしまうので、昼なのに夜のように暗くなる地域ができるのです。

日食には、太陽がすっぽりかくれる「皆既日食」、太陽の真ん中がか

くれて輪っかのように見える「金環日食」、太陽の一部がかけたように見える「部分日食」があります。

地球から見て、太陽と月がぴったり一直線にならんで見える場所では、皆既日食が起こります。実際の太陽の大きさは、月の四百倍もありますが、太陽は遠くにあるので、地球から見ると重なって見えるのです。

そのため、同じように一直線にならんでも、月が地球からはなれていると、太陽の外側がはみ出して見える金環日食になります。

皆既日食や金環日食が起こっていても、見る地域によっては、部分日食になります。

日食は、三つの星がタイミングよくならんだときにだけ見られる、めずらしい現象なのですね。

おはなしクイズ　太陽が月によってすっぽりかくれてしまう日食を、なんという？

 211ページのこたえ ×

月に住むことはできるの？

地球と月では、環境はどのようにちがうでしょう

人類ではじめて月におり立ったのは、アメリカの宇宙飛行士ニール・アームストロングで、一九六九年のことでした。近い将来には、月面に観測基地をつくって、人類が生活するようになるかもしれません。

さて、わたしたちにとって身近な月ですが、どんなところなのでしょうか。

月には、地球のような大気がほとんどありません。重力も地球の六分の一なので、地球にいるときと同じ力でジャンプすると、六倍もの高さまで飛ぶことができます。

それから、月の自転はゆっくりなので、昼と夜の長さは、それぞれ地球にいるときの約十四日ずつになります。つまり、月での一日は、地球の約二十八日分ということです。

月では温度の変化も大きく、場所によっては、昼間は一一〇度をこえ、夜はマイナス一七〇度くらいに下が

よんだ ■■■

ります。大気が少なく、熱がほとんどそのまま伝わってくるので、太陽が出ている昼はとても暑く、太陽がしずむ夜はとても寒いのです。

また、地球の上空にはオゾン層があります。さらに、地球のまわりには磁力が作用している空間（磁場）があります。オゾン層と磁場は、宇宙からとどく人体に有害な紫外線や放射線を弱めてくれています。しかし、月には守ってくれるものがありません。

このように、わたしたちに

213ページのこたえ　皆既日食

とってはきびしい環境なので、月でふつうに生活することはできません。しかし、大気が少なく天気の影響がない月面は、地球や宇宙を観察するためには、とてもいい場所です。

そのため、きびしい環境から人間を守れるドームを建設したり、地下に住める場所をつくったりと、たくさんのアイ

デアが必要です。

なによりだいじなのは、月に水があるかどうかです。もしも多くの人間が月に住むようになったら、食料も水も、すべて地球から運ぶわけにはいきません。

月は長い間、乾燥した場所だと考えられていました。けれども、近年になって、氷が発見されるなど、今では、月には水があると考えられています。そして、現在も調査が進められています。

もし、本当に月で水が発見されれば、その水を使って、月面で酸素をつくったり、電気エネルギーを生み出したりすることもできるようになります。

将来的には、宇宙エレベーターで宇宙と地球を行き来するという、夢のような方法も考えられています。「テザー」とよばれる数万キロメートルもあるケーブルをつなげて、地上と宇宙ステーションをつなぐのです。

宇宙エレベーターなら、訓練を受けた宇宙飛行士以外の人も、宇宙へ行けるようになるはずです。修学旅行の行き先が、月や宇宙ステーションという時代が、やって来るかもしれませんね。

おはなしクイズ
月での重力は、地球とくらべてどれくらい？
㋐六分の一　㋑六倍　㋒六十倍

梅雨になると、なぜ雨の日がつづくの？

雨のふる地域は、南から北へと変わっていきます

春から夏へ変わるときに、雨やくもりの日が多くなる時期がありますね。これが「梅雨」です。

この時期の日本の上空には、「梅雨前線」とよばれる前線がずっといすわります。

「前線」というのは、温かい空気のかたまりと冷たい空気のかたまりがぶつかって、地上に接したところです。前線では、温かい空気のかたまりが冷たい空気のかたまりに冷やされて、雲ができます。この雲が、雨をふらせるのです。

冬の間は、冷たい空気のかたまりが、日本の上空をおおっています。やがて夏が近づくと、南から温かい空気のかたまりがやって来て、ちょうど日本の上空でぶつかります。このふたつの空気のかたまりは、強さが同じくらいで、どちらもなかなか動きません。こうして、梅雨はおよそ一か月半つづくのです。

＊梅雨入り…梅雨に入る日のこと。

よんだ ■■■

おはなしクイズ
北海道に梅雨はある。○か×か？

梅雨は沖縄県からはじまって、少しずつ北に移動します。南からやって来る温かい空気のかたまりの力がしだいに強くなり、梅雨前線を北へおし上げていくからです。

全国各地で「*梅雨入り」が来ると、ニュースなどによって発表されます。

けれども、北海道には梅雨がないので、この発表がありません。梅雨前線の力は北へ行くにつれて少しずつ弱くなり、北海道にさしかかる前に、ほとんど消えてしまうのです。

日本で一年間にふる雨のうち、梅雨にふる雨の量は、二五～三〇パーセントをしめています。この時期にじゅうぶんな雨がふらないと、梅雨のあとにやって来る夏に、水不足になり、わたしたちの生活や農作物に大きな影響が出ます。梅雨にふる雨は、たいせつな資源なのです。

冷たい空気
温かい空気

217ページのこたえ ㋐六分の一

地球ってなにでできているの？

地球のつくりは、ニワトリのたまごに似ています

日本列島からあなをほって地球の反対側に向かったとしたら、沖縄県からは南アメリカ大陸のブラジルやパラグアイに、そのほかの場所からは南アメリカ大陸近くの海に出ます。しかし、実際にそんなことはできません。

地球の内部は、三つの層に分かれたつくりになっています。

ニワトリのたまごにたとえると、一番外側のたまごのからにあたる部分が「地殻」、その下の白身の部分が「マントル」、真ん中の黄身の部分が「核」です。

地殻は、大陸や海底をつくる地球の表面で、かたい岩石でできています。その深さは、海の下だと五キロメートルくらい、陸の下では三〇～六〇キロメートルくらいで、地球全体から見ると、たまごのからのようにうすい部分です。

その下のマントルは、地殻より少

よんだ■■■

地球・宇宙

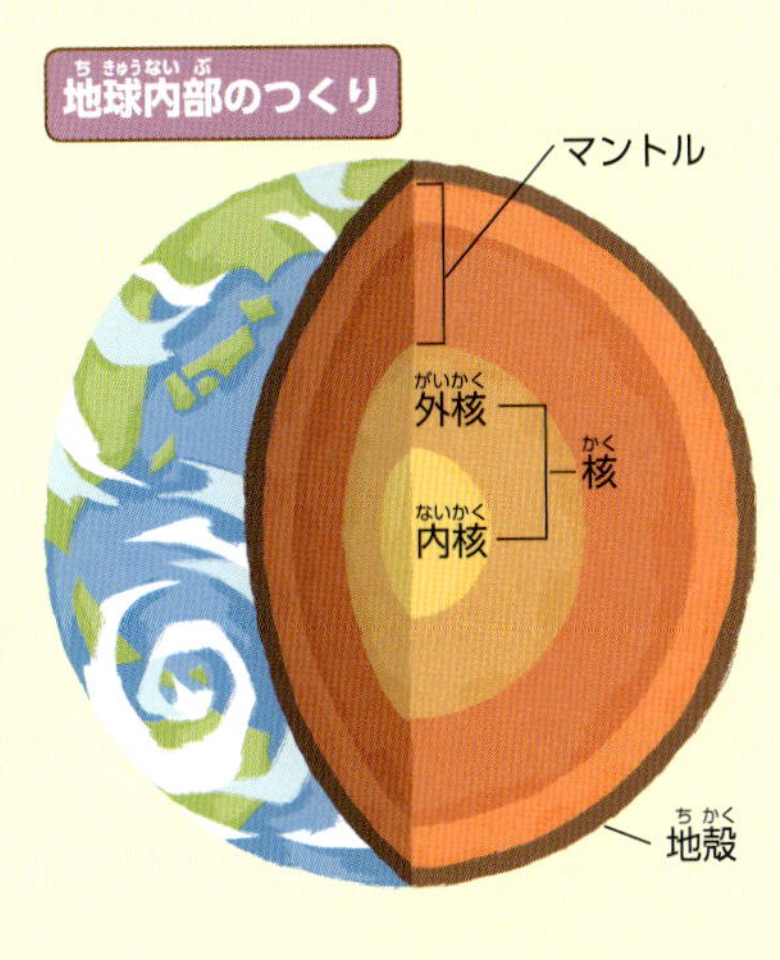

し重い岩石でできた固体の層ですが、長い時間で見ると、ゆっくりと動きつづけています。深さは約二九〇〇キロメートルまであり、マントル部分の体積は地球全体の約八割をしめています。マントルは、岩石の種類のちがいにより、上部と下部に分けられます。深くなるほど温度が高く、一番深いところは四〇〇〇度以上あります。

中心部の核は、おもに鉄やニッケルなどの金属でできていて、深さ五一〇〇キロメートルまでを「外核」、中心の六四〇〇キロメートルまでを「内核」といいます。外核は、金属がどろどろにとけた液体状です。内核は、まわりからの圧力が大きいのでかたまっていますが、たいへん高温です。中心部は、太陽の表面と同じ六〇〇〇度くらいあると考えられています。

おはなしクイズ
地球内部の三つの層のうち、たまごの白身にあたる部分をなんという?

219ページのこたえ ×

地球が動いていることはどうやってわかったの？

地球が宇宙の中心だと、信じられていた時代がありました

昔の人びとは、「太陽や月や星は、地球のまわりをまわっている」と信じていました。これを「天動説」といいます。十六世紀になると、ポーランドのニコラウス・コペルニクスやドイツのヨハネス・ケプラーなどの天文学者が、「本当は、地球が太陽のまわりをまわっているのではないか」と考えはじめます。この考えを「地動説」といいます。

ガリレオ・ガリレイは、一五六四年にイタリアのピサで生まれ、大人になると、大学で数学や天文学を教えました。

四十五歳のとき、オランダで望遠鏡が発明されたと聞き、自分でも二まいのレンズを使った望遠鏡をつくり、天体観測をはじめます。このとき、ガリレオがつくった望遠鏡は、今でも「ガリレオ式望遠鏡」とよばれています。

「月の表面は、でこぼこしている」

ガリレオ

伝記

「月の満ち欠けは、実際に欠けているのではなく、地球のかげがうつっているのではないか」

「木星のまわりを、四つの小さな衛星がぐるぐるまわっている」

「太陽には黒い点があって、それが動いている」

こうした観測とたくさんの記録から、ガリレオは、地球もまるい星のひとつで、太陽のまわりをまわっているのだと確信しました。たとえば、木星のまわりを、四つの衛星がまわっているように、地球も太陽のまわりをまわっていると考えたのです。ガリレオが発見した木

221ページのこたえ マントル

星の四つの衛星は、現在では「ガリレオ衛星」とよばれています。

　そして一六三二年にこれまでの研究の成果を『天文対話』という本にまとめ、地動説の正しさをうったえます。自分の考えを直接となえるのではなく、三人の人物が、「太陽が中心か、地球が中心か」についてそれぞれ意見を出し合うという形式をとりました。

　この形式にしたのには、理由があります。当時、キリスト教では天動説が信じられていたため、ちがう意見を言うと、神にそむいたと判断されました。以前、地動説をとなえて罰せられた学者がいたのです。コペルニクスです。

　ガリレオも、ローマ法王庁からよび出され、裁判で、地動説をすてるよう命じられました。

「ガリレオ・ガリレイ、そのほうの地動説がまちがいであるとみとめなければ、キリスト教とローマ法王庁にそむく大罪として処罰するぞ」

　ガリレオは歯を食いしばりながら、まちがいをみとめる書類にサインをしました。このとき、「それでも地球はまわっている」と、つぶやいたといわれています。

　その後、ガリレオは、見はりをつ

伝記

けられて、家にとじこめられ、一六四二年に亡くなりました。

ガリレオが亡くなってから三百五十年後の一九九二年、当時のローマ法王がまちがいをみとめ、ガリレオに謝罪をしました。ついに、地動説がみとめられたのです。

おはなしクイズ
ガリレオが天体観測のためにつくった道具は？
㋐コンパス ㋑鏡 ㋒望遠鏡

ためしてみよう 虹をつくろう！

晴れた日に、いろいろな方法で虹をつくってみましょう。

きりふきを使って

太陽に背中を向け、きりふきで何回か水を出す。

ペットボトルを使って

水を入れたペットボトルを日なたに置き、太陽の光を通す。

鏡を使って

水の入った入れものに鏡を立て、太陽の光をはね返らせる。

雨上がりに日が出てきたら、空を見て虹をさがしてみましょう！

うまく虹が出ない場合は、時間を変えてやってみるようにしましょう。
また、鏡を使うときは、人の顔に光を向けないように注意してください。

からだのなぜ?

歩くときにどうして手もいっしょに動くの？

大きくうでをふると、楽に歩くことができます

　手をふらないで歩いたり、右足と右手、左足と左手をいっしょに出して歩いてみてください。どうですか？　歩きにくいでしょう。

　人間はふつう、右足と左手、左足と右手をいっしょに出して歩きます。なぜ、そのほうが歩きやすいのでしょう。

　それは大昔、人間の祖先が、四本足で歩いていたころのなごりなのです。

　犬やネコなど、四本足の動物の歩き方を見てみましょう。前後左右の足を、たがいちがいに動かして歩きます。人間の赤ちゃんが、はいはいをするときも同じです。

　つまり、動物の前足を人間の手と考えれば、動物と人間の歩き方は同じというわけです。このような歩き方を、「斜対歩」といいます。

　ただ、キリンやラクダ、ゾウなど、おもに足の長い動物は、同じ側の前

足とうしろ足を同時に出して歩きます。これは、「側対歩」といって、長い足を生かした歩幅の広い歩き方に向いています。

　足の長い側対歩の動物が、斜対歩で歩くとどうなるでしょう。うしろ足を大きくふみ出したときに、前足にぶつかってしまいます。

　ところで、陸上選手の走るすがたを見ると、うでを大きく動かしていますね。うでをふると、胴体がねじれて、足を前に出しやすくなります。また、むだな力が入らないので、あまりつかれません。

　ですから、見た目も美しく、楽に歩くには、背すじをのばして、まっすぐ前を向き、大きくうでをふることです。手と足は交互に出して、上半身と下半身のバランスをうまくとって歩きます。

　背中をまるめてポケットに手を入れて歩くのは、歩きにくいうえ、ころんだときに手で顔や頭をかばえないので、とてもきけんです。

おはなしクイズ
人間の歩き方は、ネコとキリンのどちらと同じ？

225ページのこたえ　ウ望遠鏡

夜ねないといけないのはなぜ？

からだには、自然ときざみこまれたリズムがあります

夜になり、ふだんねている時間が近づくと、ねむくなりますね。なぜ、いつもだいたい同じ時間にねむくなるのでしょうか。

人間のからだには、「朝になると目が覚め、夜になるとねむくなる」という生活のリズムが、生まれつきそなわっています。窓も時計もない部屋の中で生活する実験を行ったときも、だいたい、そのようなリズムになったそうです。

このように、時計がなくても時間を感じとる感覚を、「体内時計」といいます。体内時計は、わたしたちの祖先が、「お日さまが出たら起きて、しずんだらねる」というくらしを、何千年、何万年とつづけるなかで、身につけてきたものです。

人間の体内時計の周期は、約二十五時間といわれています。一日は二十四時間。それよりも一時間長いのです。このずれを直しているのは、太陽の光だといわれています。

では、もし夜にきちんとねないで不規則な生活をしたら、どうなるでしょう。夜おそくまで起きていると、朝は起きられなくなりますね。それがつづくと、朝と夜が逆転します。人間がもともともっている生活のリズムにさからうことになるので、体内時計がくるい、頭やからだのはたらきのバランスがくずれてきます。

たとえば、勉強しても頭に入りにくくなったり、運動する力が落ちたりします。細菌やウイルスへの抵抗力が弱くなるので、病気にかかりやすくなります。また、ぐっすりねむれなくなるので、いくらねても、なんとなくねむい感じが残ります。これでは、もったいないですね。

早寝早起きの習慣を身につけておくと、いいことがたくさんあります。日本には昔から、「早起きは三文の徳」という言葉があるほどです。

おはなしクイズ もともとからだにそなわっている、時計がなくても時間を感じとる感覚をなんという？

229ページのこたえ ネコ

鳥はだはどうして立つの？

動物がからだを温かくたもつための、くふうがかくされています

寒いときにうでを見ると、皮ふの毛あなが持ち上がって、ぶつぶつしていることはありませんか。まるで羽をむしられた鳥の皮ふのようなので、これを「鳥はだ」といいます。

人間の皮ふにはたくさんの毛が生えていますが、その毛の一本一本の根元には、「立毛筋」という小さな筋肉がついています。

この筋肉は、寒さを感じると、わたしたちの意思とは関係なくちぢみます。すると、毛あながとじられ、はだにそってななめに生えていた毛が立ち上がります。同時に、毛あなのまわりの皮ふも持ち上がるので、はだがぶつぶつしているように見えるのです。これが、鳥はだです。

どうして鳥はだが立つかというと、体温をたもつためです。からだが毛でおおわれている動物や羽毛のある鳥などは、毛を立ててふくらませると、毛と毛の間に空気の層ができます。それから、毛あながとじられることによって、熱がにげにくくなります。こうして、からだを温かくたもつことができるのです。

でも、長い歴史の中で、人間にはからだをおおうほどの毛がなくなりました。そのため、毛あながとじても鳥はだが立つだけです。これではからだが温まらないため、人間は、毛のかわりに血管を調節して体温をたもっています。

また、寒いときにからだがガタガタふるえるのは、筋肉をふるわせることによって、熱をつくり出し、寒さのせいで下がった体温を取りもどそうとしているのです。

おしっこをしたときに、同じようにブルッとふるえることがありますね。これも、おしっこといっしょににげてしまった、からだの熱を取りもどそうとするからなのです。

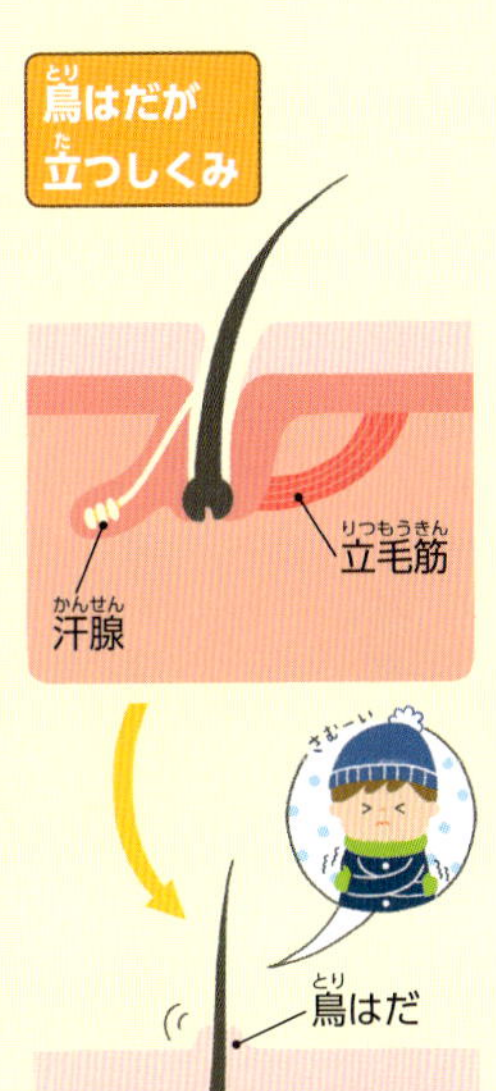

おはなしクイズ 人間は寒さを感じると、自分の意思で毛を立てる。○か×か？

231ページのこたえ 体内時計

赤ちゃんは生まれる前、なにをしているの？

お母さんから栄養をもらって、外に出る準備をしています

　赤ちゃんは、およそ二百八十日間（約四十週）、お母さんのおなかの中にある、「子宮」というところでくらします。

　赤ちゃんのもとになるたまご（受精卵）が、お母さんのおなかの中の子宮にたどり着くと、子宮の一部にあつみができ、「胎盤」という器官がつくられます。赤ちゃんは、子宮の中でどんどん成長していきますが、手足ができる前（三十日くらい）は、人間というより魚のようなすがたをしています。

　赤ちゃんと胎盤は、「へそのお」という管でつながっていて、そこから成長に必要な栄養と酸素を、生まれてくるその日まで、お母さんの血液を通して送ってもらいます。

　子宮の中の赤ちゃんは、「羊水」という温かい水にうかんでいます。羊水は、羊膜の内側からしみ出てきて、子宮内の温度をたもち、外の衝

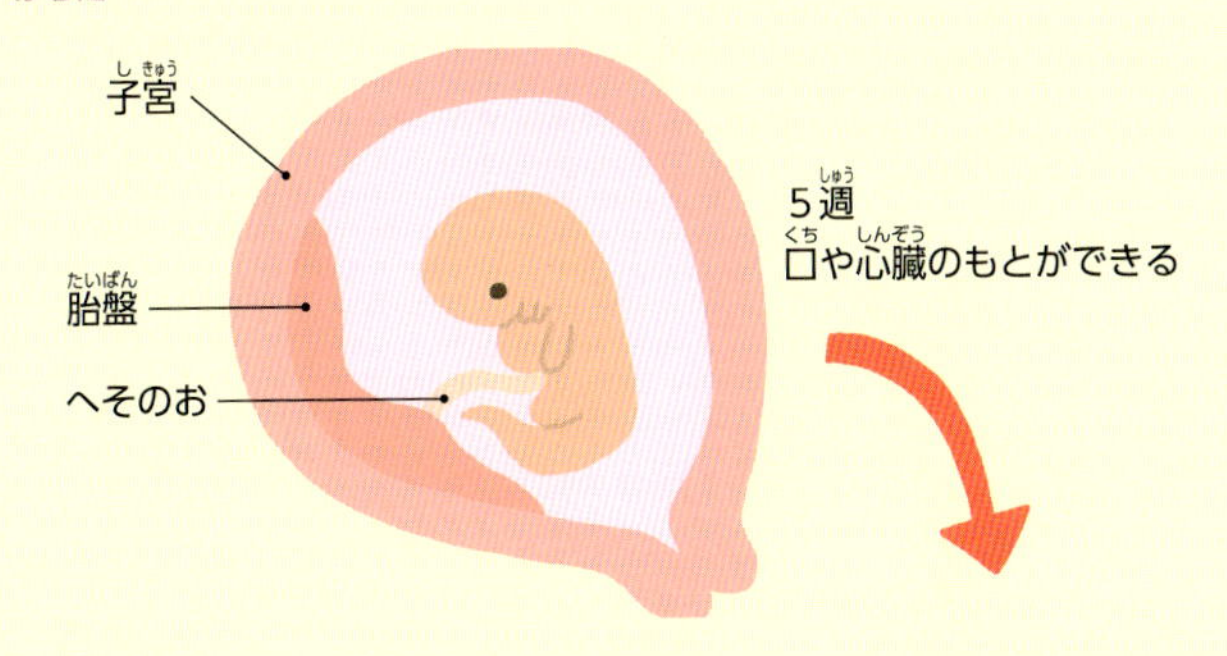
子宮
胎盤
へそのお
5週
口や心臓のもとができる

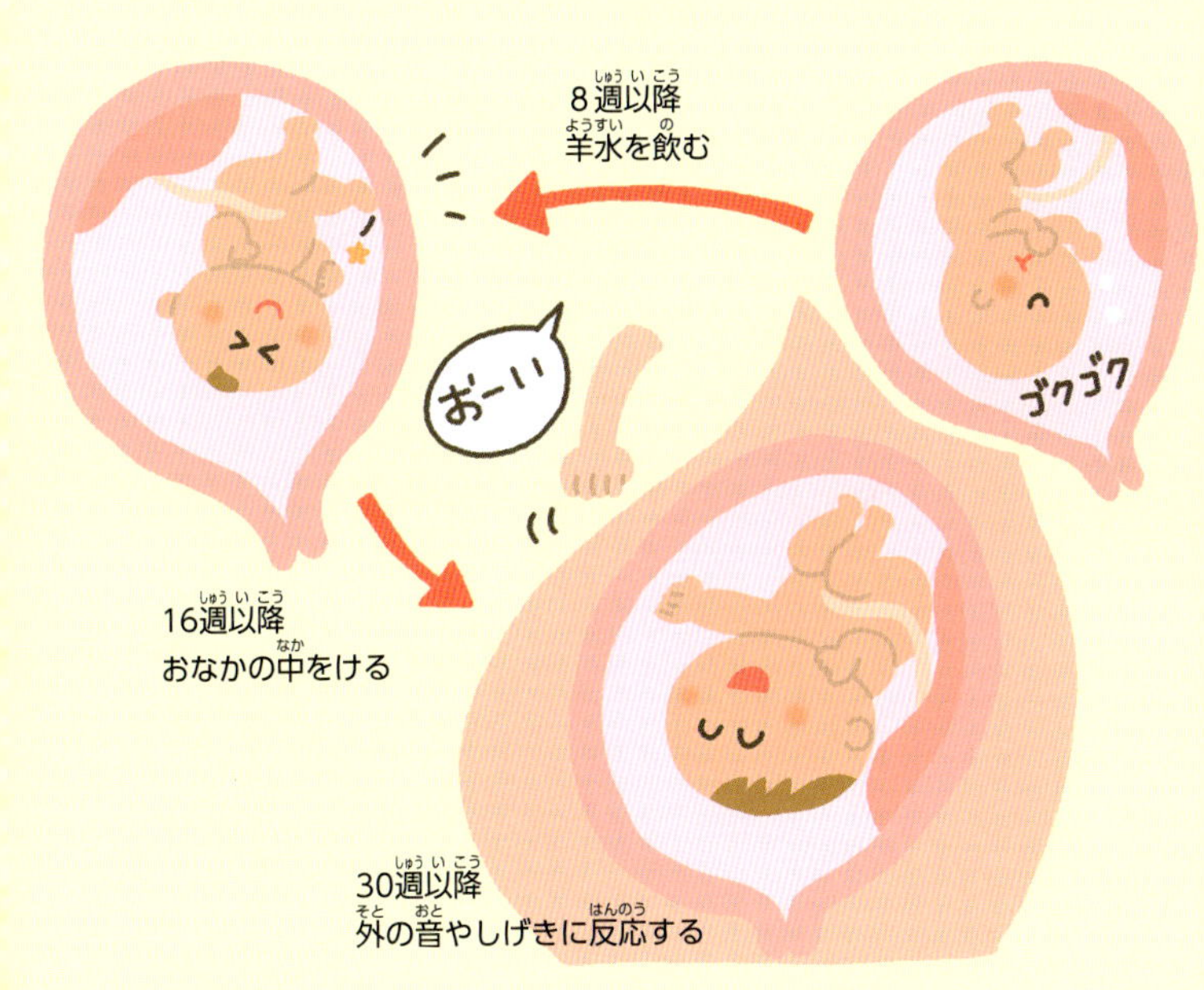
8週以降
羊水を飲む
ゴクゴク
おーい
16週以降
おなかの中をける
30週以降
外の音やしげきに反応する

233ページのこたえ ×

撃から赤ちゃんを守ってくれます。また、羊水を飲むことで、おっぱいを飲んだり、おしっこをしたりする練習をします。

成長の進み具合は、赤ちゃんによってちがいがありますが、三週目に受精卵が子宮にたどり着いたときから、成長がはじまります。

五週目には手足や目などの形ができはじめ、七週目ころには心臓の

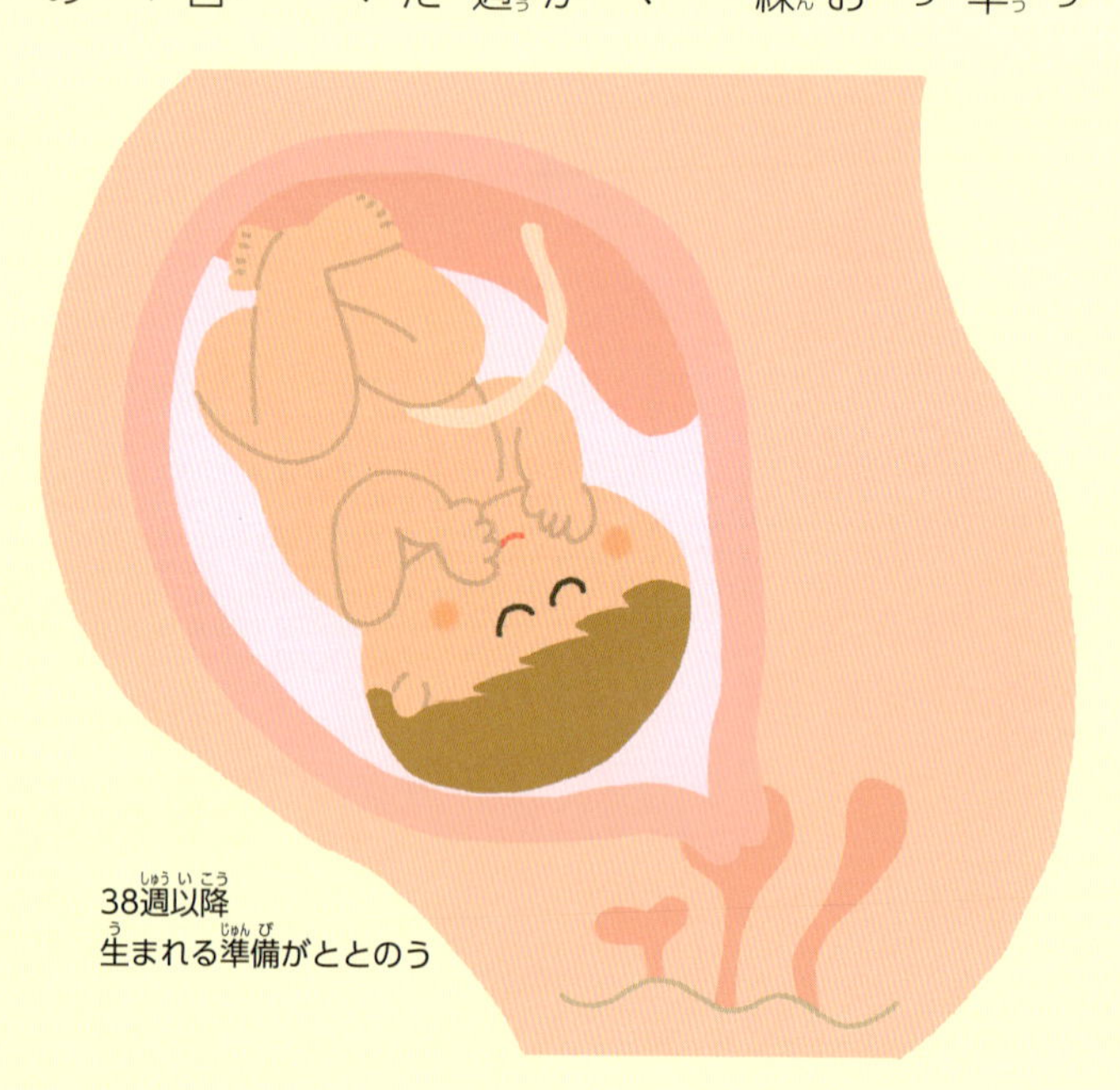

38週以降
生まれる準備がととのう

動きも確認できるようになります。

そして、八週目くらいになると、手足の指の形ができあがり、どんどん人間のからだになっていきます。

十六、七週をすぎたあたりから、お母さんはおなかの中で赤ちゃんが動くのを感じはじめます。びくっと動いたりもぞもぞしたり、手足も自由に使えるようになるので、全身を大きく動かします。ときにはおなかの中をけって、お母さんをびっくりさせるかもしれません。しゃっくりもします。

お母さんは、これらの動きを感じて、赤ちゃんが元気に育っていることを確認します。

二十五週目あたりになれば、病院で性別もわかるでしょう。このころにはもう耳も聞こえ、目鼻立ちもはっきりしてきます。

およそ三十週目には、身長が約四〇センチメートルにまで育ち、外の音やしげきに反応し、感情の表現もできるようになります。

そして三十八週目には、生まれる準備がととのいます。赤ちゃんはこの週以降、お母さんの助けを借りながら、生まれてきます。赤ちゃんが生まれたあと、胎盤は子宮からはがれ落ち、外へ出ます。

おはなしクイズ

子宮の中の赤ちゃんとお母さんをつなぐ、栄養や酸素を運ぶ管はなに？

あざはどうして青くなるの？

うでや太もも、おしりなど、からだのやわらかい部分にできます

人やものにぶつかったり、ころんだりしたときに、青いあざやこぶができることがありますね。

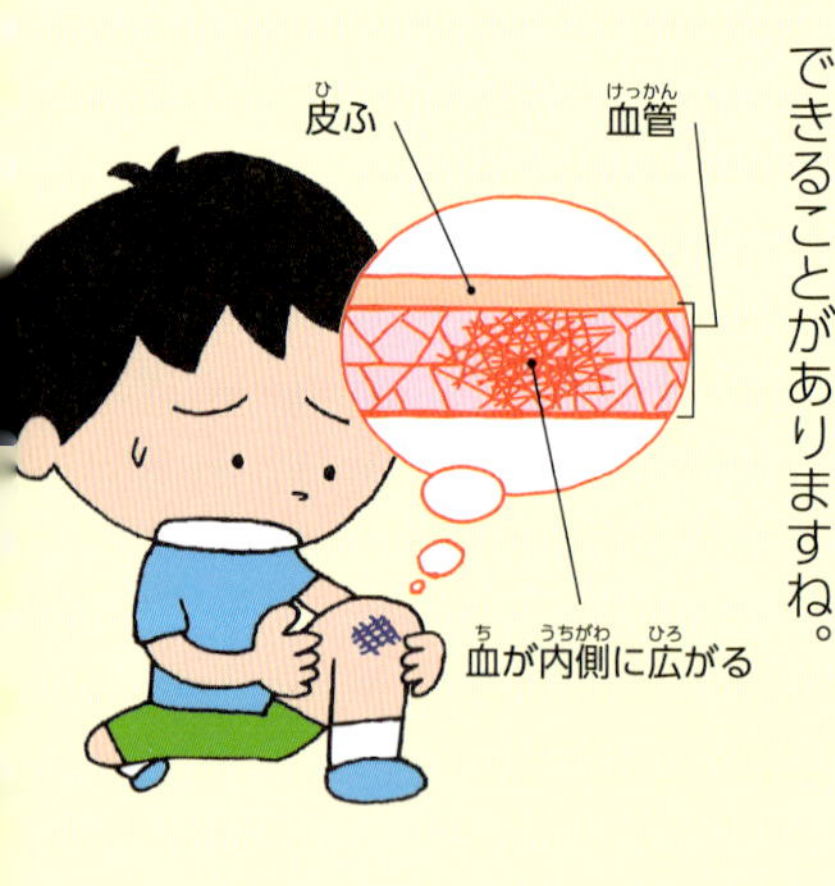

からだ中の皮ふの下には、細い血管がたくさん通っています。あざやこぶは、からだを強くぶつけることで皮ふの下の細い血管がやぶれ、血が流れ出てできるものです。これを、「内出血」といいます。

うでや太もも、おしりなどのように、からだのやわらかい部分が内出血を起こすと、血が皮ふの内側に広がります。血は赤色ですが、皮ふを通して見ると、青色やむらさき色に

よんだ■■■

見えます。これがあざです。

頭のように、皮ふのすぐ下にかたい骨があるところでは、内出血しても血は内側に広がることができず、外側にふくらみます。これが、こぶやたんこぶとよばれるものです。

また、手のひらや指などをなにかで強くはさんだり、鉄ぼうなどを強くにぎったり、くつずれなどによって、皮ふに小さな赤むらさき色の点てんができることがあります。これも内出血で、血まめとよばれます。

血が出たとき、きず口をおさえると、ふつう、出血は止まります。内出血の場合は、直接おさえても、皮ふの下の血は止まりません。でも、からだにはみずからきずを治す力があります。血液の中の「血小板」という成分が、血をかためてくれるのです。そして、やぶれた血管は自然にふさがり、血も吸収されて、あざやこぶ、血まめは、やがて消えます。

血が外側にふくらむ
骨

おはなしクイズ あざの青色やむらさき色の正体はなに？

237ページのこたえ へそのお

飲んだぶんと同じだけおしっこが出るの？

水分は、からだの中のどこを通って、おしっこになるのでしょうか

水をたくさん飲むと、何度もトイレに行きたくなります。たくさん飲むとたくさんおしっこが出るのは、よくわかりますよね。では、コップに三ばいの水を飲めば、三ばいぶんのおしっこが出るのでしょうか。

まず、おしっこが出るしくみについて考えてみましょう。

人間のからだは、成分の半分以上が水分でできています。その水分は、いつも同じ量になるように調節されています。決まった量よりも多くなると、おしっこやあせとして外に出されます。足りないと、のどがかわいて、水が飲みたくなるのです。

飲んだ水は、まず胃に入ります。そこで、どろどろに消化された食べものといっしょになり、腸に送られます。腸では、栄養だけでなく、水分もすいこまれて、血液の中にまじります。血液は血管を通って、からだ中に栄養や水分を運びます。

よんだ■■■

血液が「じん臓」というところにたどり着くと、よぶんなかすと水分が取りのぞかれて、きれいな血液だけが血管にもどされます。そのとき取りのぞかれたかすと水分は、「ぼうこう」というところにたまります。

ふだん、ぼうこうはちぢんでいますが、かすと水分がたまってくると、ふうせんのように少しずつふくらみます。そして、ぼうこうの中がいっぱいになると、かすと水分はおしっことなって出ていくのです。

もし、じん臓がよくはたらかず、おしっこが出なくなると、からだの中にいらないかすがたくさんたまります。ひどくなると、死んでしまうこともあります。おしっこは、いらないものをからだの外に出す、とてもだいじな役目をしているのです。

からだに入った水分は、おしっこのほかに、あせや、息の中にふくまれる水蒸気としても、からだの外に出ていきます。また、からだの中で使われるものもあります。つまり、飲んだぶんと同じだけ、おしっこになるというわけではないのですね。

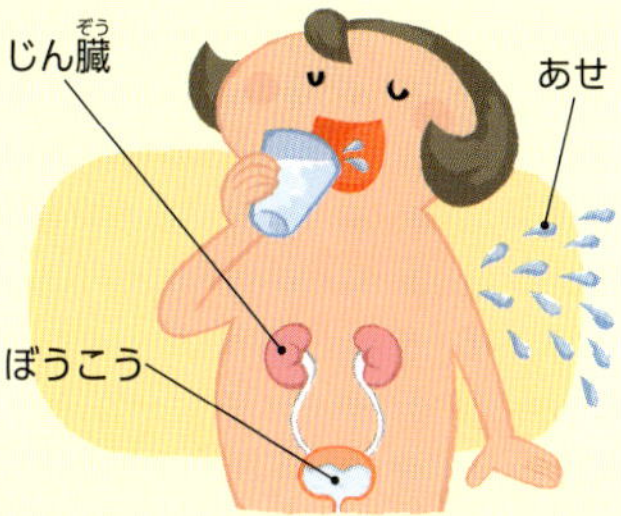

おはなしクイズ からだの中でいらなくなった水分は、すべておしっこになって外に出される。○か×か？

239ページのこたえ 血

男の子は成長するとどうして声が変わるの？

大人の男性と男の子の、のどのちがいとは……

男性は大人と子どもでは、のどのあたりにちがいがあるのがわかりますか。そう、大人の男性には、「のどぼとけ」がありますね。

のどぼとけは、「甲状軟骨」というやわらかい骨でできた出っぱりです。個人差がありますが、男の子は小学校高学年ごろから、のどぼとけが大きくなり、声が低くなります。これは、「声変わり」とよばれる＊思春期のからだの変化のひとつです。このくらいの年齢になると、ホルモンのはたらきによって、男の子は男らしく、女の子は女らしく、からだつ

＊思春期…心とからだが、子どもから大人に成長する時期。

よんだ ■■■

きが変化しはじめます。

では、のどぼとけが大きくなると、なぜ声が低くなるのでしょう。

声は、のどのおくにある「声帯」というひだのような器官を、息でふるわせて出しています。声帯の位置は、ちょうどのどぼとけのあるあたりで、甲状軟骨に内側からくっついています。思春期になると、男性ホルモンのはたらきで甲状軟骨が前へ出っぱるように発達するので、甲状軟骨にくっついている声帯もいっしょに成長して、ひだの部分が長くなります。

声帯のひだは、長さが長いほど、息でふるえる速さがおそくなり、出る声が低くなるという特徴があります。つまり、のどぼとけが出て声帯が長く成長したぶんだけ、男の子は声が低くなるのです。

女の子は、思春期になっても、男

241ページのこたえ ×

の子のような甲状軟骨の変化がありません。のどぼとけも出ないし、声帯の長さも男の子ほどは変わらないので、声変わりもほとんどないのです。

子どものころは、声帯の長さに男女のちがいはなく、およそ一〇ミリメートルです。声の高さも似ています。ところが、大人では、声帯の長さは男性でおよそ二〇ミリメート

ル、女性でおよそ一六ミリメートルです。男性は、声変わりの前とあとでは、一オクターブほども声が低くなる（ドシラソファミレドと同じぶん）といわれています。

声変わりがはじまってしばらくは、声が出にくかったり、声がわれたりしがちになります。この時期は、声帯を痛めないよう、無理に大声や高い声を出すのはさけましょう。

おはなしクイズ
思春期に、男の子の声が低くなることを、なんという？

暑い日に食欲がなくなるのはなぜ？

食欲をなくすだけでなく、からだ全体の調子を悪くすることもあります

夏の暑さがきびしいとき、なんだか食欲がなくなり、食べる量が少なくなることはありませんか？

暑くなると、なぜ食べる気が起きなくなるのでしょう。これには、いくつかの原因があります。

ひとつ目は、水分と栄養分の不足です。暑いとき、からだは体温を下げようとしてあせをかきます。すると、あせといっしょに塩分やミネラルがからだの外に流れ出します。その結果、栄養バランスがくずれ、からだの調子が悪くなります。

ふたつ目は、胃腸のはたらきが悪くなることです。暑いところにいると、消化や吸収のはたらきが弱くなり、もたれた感じになったり、栄養をとりこみづらくなったりします。また、冷たい飲みものを飲むことがふえるので、おなかが冷えて、さらに胃腸が弱ります。胃腸の調子が悪いと、食べたいという気持ちも自然

よんだ ■■■

とにぶくなってきますね。

三つ目は、「自律神経」のみだれです。自律神経とは、消化や血液の流れ、あせや体温の管理など、からだのいろいろなはたらきを調節するものです。自律神経は、夏の暑さに負けないように、胃腸の調子や体温など、からだのはたらきを調節しようとします。しかし、暑い日がつづくと、自律神経にふたんがかかります。さらに、クーラーのきいたすずしい部屋と、外の暑い場所を行ったり来たりするなど、急に気温が変わることで、調節するはたらきが追いつかなくなるのです。

こうして、自律神経がみだれてくると、食欲がなくなるだけでなく、消化不良による便秘や下痢、頭痛、立ちくらみ、イライラなど、からだ全体の調子が悪くなります。このような症状を、「夏バテ」といいます。

調子が悪いときは無理をせず、からだの様子を見ながら、栄養・運動・休養のバランスをととのえることがたいせつです。

おはなしクイズ 夏に食欲が落ちるのは、体内の栄養バランスがくずれるため。○か×か？

245ページのこたえ 声変わり

ゲームをすると目がつかれるのはどうして？

画面を見ているとき、目の中ではなにが起こっているのでしょうか

まず、ものが見えるしくみをかんたんに説明しましょう。

目の前にリンゴがあるとします。リンゴに当たってはね返った光が、目の表面をおおう「角膜」という透明な膜を通して、目の中に入ります。光は、レンズのようなまるい形をした「水晶体」を通ることで、一度一点に集められ、ピントが調整されます。そして、目の内側にある「網膜」というスクリーンのような場所に、リンゴの像がうつし出されます。うつし出された像の情報が、「視神経」を通って脳に送られると、脳は像の情報を処理して、「リンゴが見えた」と感じとるのです。

では、水晶体は、どうやってピントを合わせるのでしょう。

水晶体の上下の部分には、「毛様体筋」という、細い繊維状の筋肉があります。毛様体筋は、「チン小帯」という組織によって水晶体とつな

がっていて、ばねのようにのびちぢみして水晶体のあつみを調整しています。毛様体筋がきんちょうすると、輪ゴムがちぢんだようになり、水晶体がおされて、あつくなります。逆に、毛様体筋がゆるむと、輪ゴムがビヨーンとのびたような状態になり、水晶体はうすくなります。このように、近くのものを見るときは水晶体があつくなるよう、遠くのものを見るときはうすくなるよう、毛様体筋が調節することで、ピントを合わせるのです。

長い時間、ずっと近くばかりを見ていると、毛様体筋がきんちょうしてちぢんだ状態がつづくことになります。ゲームをしているときは、近くで小さな画面を見つづけるので、特に目がつかれやすくなるのです。ゲームをするときは、ときどき遠くを見たり、休けいしたりして、目を休ませましょう。

おはなしクイズ
目の表面をおおう、透明な膜をなんという？

247ページのこたえ ○

からだのしくみってどうやってわかったの？

三人の医師が力をつくして、医学を発展させました

杉田玄白

図鑑や教科書には、骨や血管、臓器など、からだの中のしくみがくわしく、えがかれています。これらは、いつ、どのように調べたのでしょう。

江戸時代の中ごろまで、日本の医者は古い中国の医学を学んでいて、からだの中のことはよくわかっていませんでした。

やがて、長崎に出入りするオランダ船によって、西洋の文化が持ちこまれると、西洋の医学を学ぼうとする人があらわれました。杉田玄白も、そのひとりです。

玄白は、一七三三年、江戸（今の東京）に生まれました。

生まれてすぐにお母さんをなくし、お父さんの手できびしく育てられました。そして、お父さんと同じ医者になりました。

ある日、玄白は、『ターヘル・アナトミア』というオランダ語で書かれた西洋の医学書を手に入れまし

伝記

た。その本には、なんと、人のからだの中の細かな部分まで、えがかれているではありませんか。玄白は、これによって人のからだのしくみがわかれば、いろいろな病気を治すことができる、と考えました。

そこで、本の中にあるからだのつくりが、実際と同じかどうかを見くらべようと、死刑場に行きました。死刑になった人のからだを切り開いて中を観察する「ふわけ」を見るためです。先輩の前野良沢や、仲間の中川淳庵もいっしょです。

249ページのこたえ 角膜

「なんということだ。心臓や胃、骨のつながりが、この本の図とそっくりじゃないか」

ふわけに立ち会って、『ターヘル・アナトミア』がとても正確に、えがかれていることに衝撃を受けた玄白たちは、ひとりでも多くの日本の医者にこの本を読んでもらいたいと思い、日本語に訳すことにしました。

しかし、オランダ語の辞書もかんたんなものしかなかった当時、専門的な言葉だらけの本を訳すのは、とても時間のかかる、たいへんな作業でした。

しんぼう強く努力を重ね、三年以上の年月をかけて、一七七四年に、『ターヘル・アナトミア』の訳書である『解体新書』を完成させました。この本は、人間のからだのしくみが、図と文章でとてもくわしく説明された、貴重な資料になりました。

こうして、玄白たちの努力の結果、日本の医学は大きく発展しました。のちに、玄白は『解体新書』出版までの苦労について、『蘭学事始』という本に書いています。

玄白は、その後も医者として人びとのために熱心にはたらき、一八一七年に八十三歳で亡くなりました。

伝記

おはなしクイズ

玄白が参考にした医学書『ターヘル・アナトミア』は、何語で書かれていた？

走るとわきばらが痛くなるのはなぜ？

血液の流れと、ある臓器が関係しています

急にかけ出して、わきばらが痛くなったことはありませんか？　特に、食事のあと、すぐに走ったときなどは、痛くなることがよくありますね。これは、どうしてなのでしょうか。

ふだんじっとしているとき、血液はからだ全体にまんべんなく流れています。でも、からだのどこかが活動をはじめると、その部分には、ほかよりもたくさんの酸素や栄養が必要になります。勉強しているときは使っている脳に、運動しているときは使っている筋肉に、食事をすると胃や腸に、というように、血液は必要な場所に集まります。そういう血液の流れを調節しているのが、「ひ臓」です。

ひ臓は、左わきばらの内側のあたりにあります。走ったときに痛いと感じる、ちょうどその部分です。ひ臓は、ふだん血液をためておいて、必要なときに必要な場所に、血液を送り出すはたらきをしています。

　食事をしたあとは、食べたものを消化するために、血液が胃や腸に集まります。でもそのときに、走ったり、はげしい運動をしたりすると、からだを動かす筋肉にも、血液を送りこまなくてはなりません。

　胃や腸のほかに、筋肉にもどんどん血液を送りこむため、ためておいた血液を全部出して、ひ臓は空っぽになります。血液を急に送ったときにぎゅっとちぢむので、引きつるような痛みとして感じられます。

　わきばらが痛くなるのは、「もうこれ以上は血液を送れないから、しばらくじっとしていてちょうだい」という、ひ臓からの合図なのです。

　食事のあとに運動をして、わきばらが痛くなったら、運動を少し軽くするか、やめて休けいしましょう。じっとしていれば、ひ臓に血液がたまってきます。そうすれば、痛みはなくなりますよ。

おはなしクイズ 左わきばらの内側にあって、血液の流れを調節している臓器は？

253ページのこたえ オランダ語

かぜをひくと熱が出るのはなぜ？

かぜの原因となるウイルスと、からだが戦っている証拠です

かぜをひくと、そのときどきでいろいろな症状が出ますが、たいていの場合は熱が出ます。ふだんよりちょっと熱が出るだけのこともあれば、高い熱が出ることもあります。熱が出ると頭がぼーっとしてくるので、熱は出ないほうがいいと思う人も多いでしょう。

でも、意外かもしれませんが、ある程度、熱は出たほうがいいのです。熱が出るのは、からだがウイルスと戦っている証拠だからです。

もう少しくわしく、からだのしくみを説明しましょう。かぜをひくと、わたしたちのからだは全力でウイルスを外に出そうとします。それが、せきやくしゃみ、鼻水といった症状としてあらわれます。

同時に、ウイルスをやっつけるための細胞が、ウイルスのいるところにかけつけます。この細胞が活動をはじめると、脳から「熱を出せ」と

よんだ ■■■

いう命令が出ます。ウイルスをやっつける細胞は、熱が出ているほうが活動が活発になるからです。

また、ウイルスは低い温度をこのむため、熱が出ると、それだけウイルスをやっつけやすくなるのです。

ですから、熱が出たからといって、すぐに下げる必要はありません。軽いかぜなら、からだを温めて温かいものを食べるだけで、ウイルス退治の手助けになります。あとは、無理せずにからだを休めましょう。

熱が下がって、あせが出たら、からだが「もうだいじょうぶ！」と判断した証拠です。ただし、高熱がつづくときは、がまんせずに病院へ行きましょう。

おはなしクイズ かぜをひいたとき、「熱を出せ」と命令を出すのは、からだのどの部分？

255ページのこたえ ひ臓

あせやなみだにはいろいろな種類があるって本当？

どんなときに出るかによって味もことなります

からだから出るものに、あせやなみだがありますね。

あせはだいたいしょっぱいですが、すっぱかったり、苦かったりすることもあります。そのちがいは、いずれもあせにふくまれる成分によるものです。

あせは、皮ふにある「汗腺」というところから出てきます。汗腺には、「エクリン腺」と「アポクリン腺」という二種類があります。

よんだ ■■■

人間のからだには、エクリン腺が全身に二百万〜五百万個もあります。暑い日や運動をしたあとに、ここから水分の多いあせが出て、体温

の調節をします。このあせの成分のほとんどは水で、少しだけ塩分やアンモニアなどがふくまれています。さらさらとしていて、あまりにおいはありません。ただし、時間がたつと、におうこともあります。

アポクリン腺は、わきの下や耳の中などにあり、ここから出るあせは、脂肪やたんぱく質をふくんでいます。きんちょうしたときや、ひやっとしたときのあせがねっとりしているのは、脂肪などをふくむためです。特有のにおいがして、なめると苦みを感じることもあります。

257ページのこたえ 脳

いっぽう、なみだは、上まぶたのうらにある、「涙腺」というところでつくられます。

水分とあぶら分とねばり気のあるねん液の三つの層からできていて、たいせつな目を守っています。なみだの成分の多くは水ですが、塩分やたんぱく質、カルシウムなどもふくまれています。

なみだのおもな役目は、目のかわきをふせいでうるおすことです。泣いていないときでも、なみだはつねに涙腺から出ていて、「涙のう」というところにためられています。ねている間はほとんど出ませんが、大人で一日に約二〜三ミリリットルのなみだが出ます。

また、なみだを出すことで、目に入ったごみをあらい流したり、目の

表面を消毒したり、酸素やたんぱく質、塩分などの栄養を目に運んだりもしています。

ほかにも、なみだには、しげきから目を守るという役目もあります。タマネギを切ったときになみだが出るのはこのためです。

また、うれしいときやかなしいときに出るなみだは、ストレスの原因になる物質をからだの外に出す役割を果たしています。泣いたあとに気分がすっきりするのは、このためだといわれています。

目を守るためのなみだや、おこったときやくやしいときに出るなみだは、うれしいときやかなしいときに出るなみだより、塩分が多いことがわかっています。ですから、うれしなみだより、くやしなみだのほうがしょっぱいことになりますね。

おはなしクイズ あせやなみだの成分で、一番多くふくまれているものはなに？

足のうらはどうしてへこんでいるの？

小さいへこみが、人間が歩くための重要な役割を果たしています

足のうらをさわってみると、へこんでいる部分があります。はだしで歩いても地面につかないため、「土ふまず」とよばれています。なぜ、こんな部分があるのでしょうか？

人間の足の、くるぶしから下の部分は、片足二十六個の骨からできています。

これらのたくさんの骨と、骨と骨を結びつけている「じん帯」というすじと、まわりの筋肉にささえられて、アーチのような形の土ふまずがつくられているのです。

この土ふまずは、歩くときの衝撃を吸収する、たいせつなクッションの役目を果たしています。そしてじつは、四足歩行の動物には、土ふまずがありません。つまり、土ふまずこそ、人間が二本足で歩くために大きく進化した部分なのです。

土ふまずは、生まれたときにはほとんどありません。成長するにしたがって大きくなり、はっきりとくぼんだ形になってきます。

しかし、大人でも土ふまずがない人もいます。このような足は、「へん平足」とよばれています。

じゅうぶんな運動をしなかったり、足に合わないくつを長い間はいていたりすると、足のうらのアーチがつくられず、土ふまずが発達しないのです。

土ふまずがない足は、クッションの役目をしてくれる部分がありません。このため、つかれやすいうえに、足に痛みを感じることが多くなるといわれています。また、ころびやすかったり、すばやい動きができなくなったりするなど、足の動き自体にも影響が出ます。

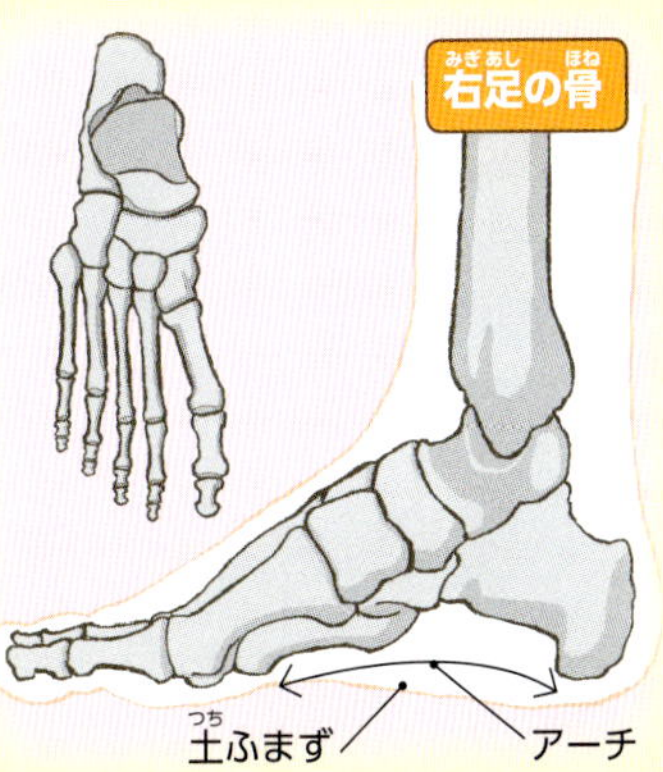

しっかりとした土ふまずをつくるには、はだしで歩く、指先がきゅうくつではないくつをはいて歩く、つま先立ちをする、足の指でタオルをつかむ、などの練習をするとよいといわれています。

おはなしクイズ
土ふまずがない足を、なんという？

261ページのこたえ 水

目の錯覚ってどうして起こるの？

錯覚を利用した、ふしぎな絵を見たことがあるでしょうか

「だまし絵」は、ひとつの絵の中に、ふたつの見え方がかくれていたり、平面にかかれているのに、まるで実際にそこにものがあるように立体的に見えたりする、ふしぎな絵です。これは、人間の目の錯覚を利用したものです。

わたしたちの目には、まわりのものすべてが見えているわけではありません。目のおくには、映像をうつし出すスクリーンのようなはたらきをする「網膜」があります。網膜には、光を感じない「盲点」という部分があり、この部分では映像は見えません。盲点は左右どちらの目にもありますが、ふだんは、左右の目がたがいに補い合っています。

また、網膜にうつる映像は立体的ではなく、二次元の平面です。それを脳で認識するときに、たて、横、おくゆきを計算して、三次元のものとして組み立て直しているので、立体的に見えるのです。

　ところが、平面のところに立体的に見えるようなものをかくと、たて、横、おくゆきを計算しようとした脳がこんらんして、ありのままに判断できなくなります。それで、本当は平面のかべにかいただけの絵なのに、本物のように立体的に見えてしまうなど、平面と立体を使ったただまし絵ができるのです。

　このような目の錯覚が起こる理由のひとつは、脳のしくみにあります。わたしたちの脳には、目にうつったものを経験から判断するくせがあります。たとえば、「遠くのものは、より小さく見える」と経験から知っているために、遠くにあるものを脳で認識するとき、実際はもう少し大きいはずだ、と判断します。

　人間の脳のしくみを利用しただまし絵は、美術作品としてもたくさん残されています。調べてみるとおもしろいですよ。


3人の大きさは同じなのに、おくに行くほど大きく見える

おはなしクイズ 網膜にある、光を感じない部分のことをなんという？

263ページのこたえ へん平足

正座をすると足がしびれるのはなぜ？

しびれを起こさないようにするには……

　長い間、正座をつづけていて、いざ立とうとしたときに、足がびりびりしびれて、よろけてしまったことはありませんか。なんともかっこ悪くて、はずかしいものですね。

　正座で足がしびれるのは、からだの重みで足の感覚神経がおされて、正しい感覚を脳に伝えられなくなるからです。

　同時に、ひざからつま先までの血管もおされてせまくなり、血液が流れにくくなります。血液がスムーズに流れないと、つま先まで酸素を送ることができません。すると、筋肉や神経の動きが悪くなって、足がし

びれてしまうのです。特に、足の甲は筋肉がうすいので、正座をすると、皮ふの下にある感覚神経と血管が、すぐにおさえつけられます。

からだの中でしびれを起こすのは、足だけではありません。うでをまくらにしてねると、目が覚めたとき、うでがしびれていることがあります。ひどいときには、手のひらをたたいてもつねっても、なにも感じなくなります。

しびれは、しばらくするとおさまりますが、足のしびれを早くとりたいときは、ひざから足首までの間をこすったり、足の親指を引っぱって動かしたりするとよいでしょう。うでのしびれも、足と同じように、動かしてやると早くおさまります。

足がしびれないようにするには、長い時間、正座をつづけなければよいのですが、正座をやめられないこともありますね。そんなときは、足の親指を重ねてすわり、ときどきこしをうかせて、親指の位置を上下入れかえてみましょう。足の甲にかかるふたんをへらすことができます。

あとは正座になれること。正座になれている人は、ひざのまわりや足の表側の血管が太くなって、血液の流れが悪くならないそうですよ。

おはなしクイズ
足がしびれるのは、感覚神経となにがからだの重みでおしつぶされるから？

265ページのこたえ　盲点

けがのあとにかさぶたができるのはどうして?

かさぶたは、きず口を守る〝自然のばんそうこう〟です

　ころんでひざをすりむいたりすると、血が出ますね。でも、いつしか血は止まり、かさぶたができて治ってしまいます。人間のからだは、けがや病気を自分で治す力をもっています。これを「自然治癒力」といい、かさぶたも、そんな自然治癒力のひとつです。

　血は、皮ふがきずつき、血管が切れたときに出てきます。なぜ血が出るかというと、きず口からばい菌が入らないように、あらい流しているのです。一見、たいへんなことが起きたように思える反応ですが、じつは、自分のからだを守るために行われているのです。

　さて、血液には、酸素を運ぶ赤血球や、ばい菌と戦う白血球、栄養分を運んだり、体温の調節をしたりする血しょう、血を止める血小板がふくまれています。

　血が出ると、まず血小板が集まっ

て、きず口をふさぎます。さらに、血しょうにとけている成分から細い糸のようなものがつくられ、血小板とからみ合って、血を止め、きず口でかたまります。

つぎに白血球が、きず口のばい菌をころしたり、こわれた細胞のかけらをそうじしたりします。また、皮ふの細胞が、きず口を治す作業をはじめます。

きず口でかたまっていた血は、ますますかたくなり、作業が終わるのを待ちます。このかたまりが、かさぶたです。かさぶたは、きず口を守る〝自然のばんそうこう〟ともいえるので、無理にはがしてはいけません。

一週間もすると、きずは完全に治り、役目を終えたかさぶたは、はがれていきます。

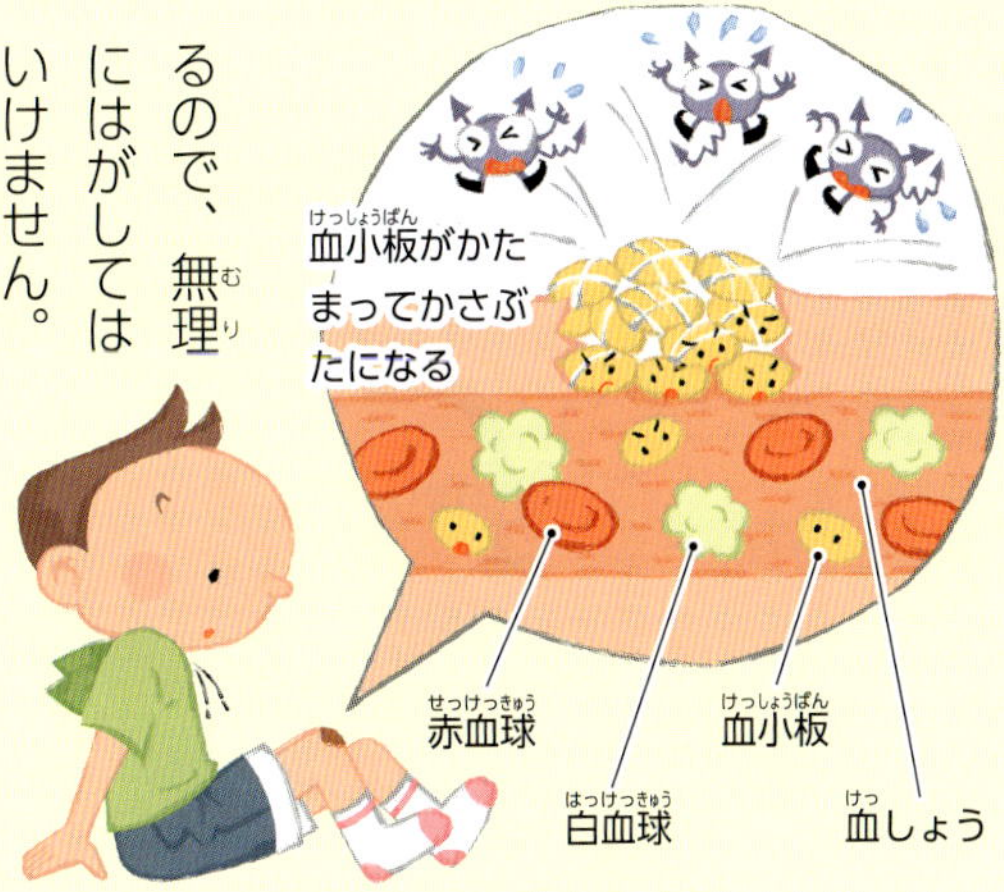

おはなしクイズ
血が出ると、きず口のまわりに集まってくる血液の成分はなに？

267ページのこたえ 血管

からいものを食べるとあせが出るのはなぜ？

からいと、熱く感じるのといっしょに、ひりひりして痛くも感じます

夏はあせをたくさんかく季節ですね。ところで、あせには三種類あることを知っていますか。

まずは、暑いときに出るあせです。このあせは蒸発するときにからだの表面の熱をうばって、体温を下げるはたらきをします。

ふたつ目は、はらはらドキドキしたときに、わきの下などにかくあせです。「冷やあせ」とか「あぶらあせ」ともよばれるものです。

そして三つ目が、カレーライスやキムチなど、からいものを食べたときに出るあせです。

でもなぜ、からいものを食べると、あせをかくのでしょう。しかも、あせをかくのは、顔と首のあたりまで

です。全身にかくことはあまりありません。

そのわけは、じつはよくわかっていないのです。

からいものを食べると、舌がひりひりして痛くも感じます。お湯も熱いと、やはりひりひりしますね。

このことから考えられるのは、からさは、味を感じる神経を伝わって脳にとどくのではなく、熱さや痛みを感じる神経から脳に伝わっているのではないかということです。

そして、脳から、「からだの温度を下げなさい」という指令が出ることで、あせをかいて体温を早く下げようとするのです。

ところで、からい料理を好んで食べるのは、とても暑い地域と、逆に寒い地域が多いようです。

暑いところは、からいものを食べて、あせをかくことで体温を下げ、すずしくなる効果をもとめているのでしょう。逆に、寒いところは、からさでからだを温めるのが目的なのでしょう。

おはなしクイズ
あせの種類は大きく分けて、いくつある？
㋐ふたつ　㋑三つ　㋒四つ

269ページのこたえ 血小板

つめやかみの毛はどうして切っても痛くないの？

わたしたちのからだを守る、たいせつな役割を果たしています

わたしたちのからだは、皮ふにおおわれていますね。皮ふはいくつもの層からできていて、一番外側の層を「角質層」といいます。じつは、つめもかみの毛も、この角質層が変化したものです。つまり、もともとは皮ふの一部なのです。

つめは、指先をけがから守るはたらきをしています。また、細かいものをつまむときに指先をささえるのにも役に立っています。

指先をけがから守る

よんだ■■■

では、つめを切っても痛くなく、血も出ないのはなぜでしょうか。

それは、つめの中には、痛みを感じる「神経」や、血が通る「血管」がないからです。

新しいつめは、皮ふの下にかくれているつめのつけ根でつくられます。つめの先に向かって、毎日約〇・一ミリメートルずつのびます。つめのつけ根の白い部分は、できたばかりのつめなのです。

また、つめ自体の色は透明ですが、皮ふを流れる血がすけて見えるので、ピンク色になります。寒かったり病気だったりして血のめぐりが

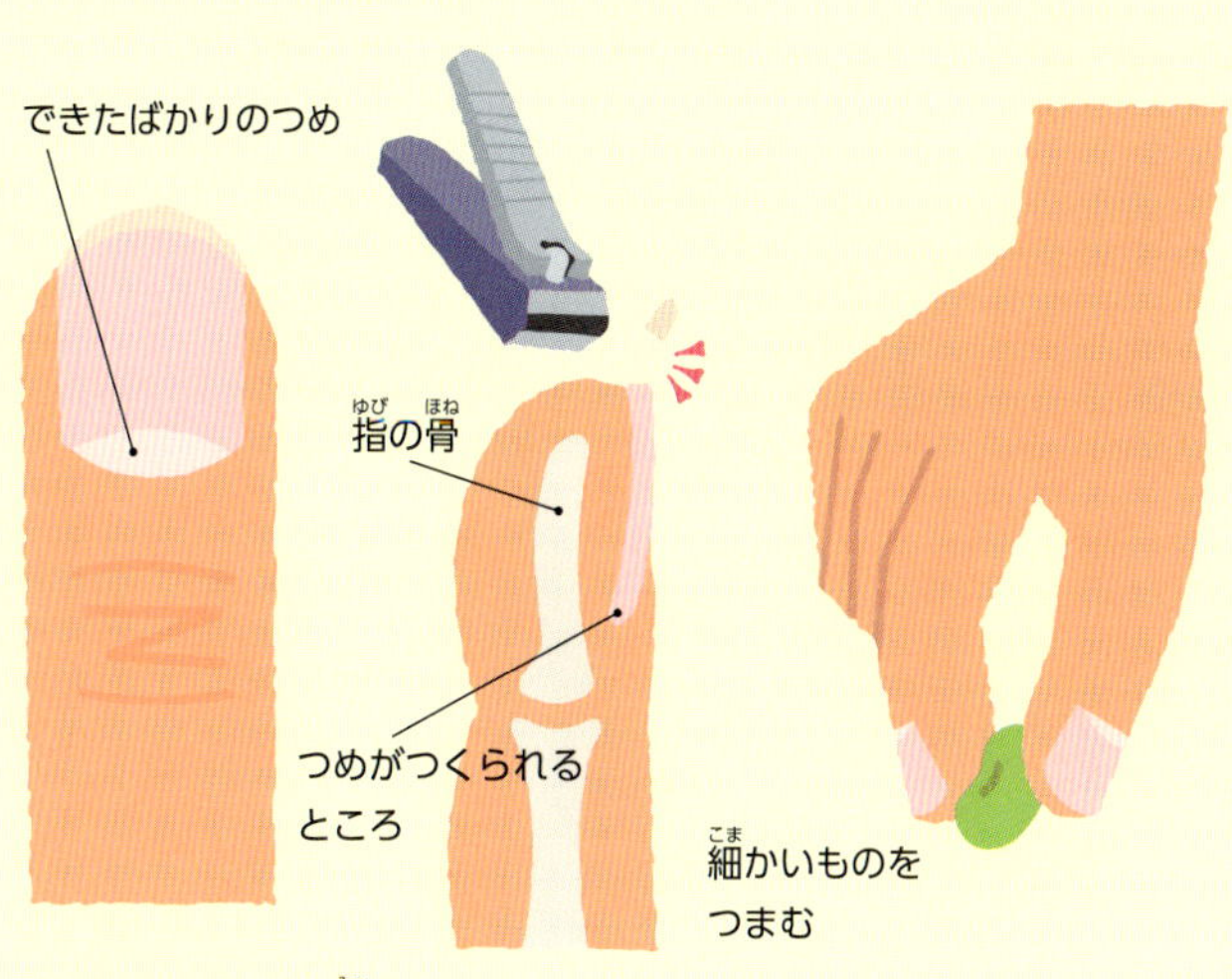

271ページのこたえ ㋑三つ

悪くなると、つめが白っぽく見えます。

つめは、一か月に三ミリメートルくらいのび、ほうっておくと、のびつづけます。長いつめは折れやすく、ばい菌もたまりやすいので、定期的に切るようにしましょう。ただ、切りすぎると指先の皮ふなどを痛めるので、注意が必要です。

かみの毛も、皮ふの一部ですが、かみの毛の中には神経がないので、切っても痛くはありません。ただ、かみの毛を引っぱると痛いのは、皮ふの下でかみの毛の根元と神経がつながっているからです。

かみの毛は、根元の皮ふの中にか

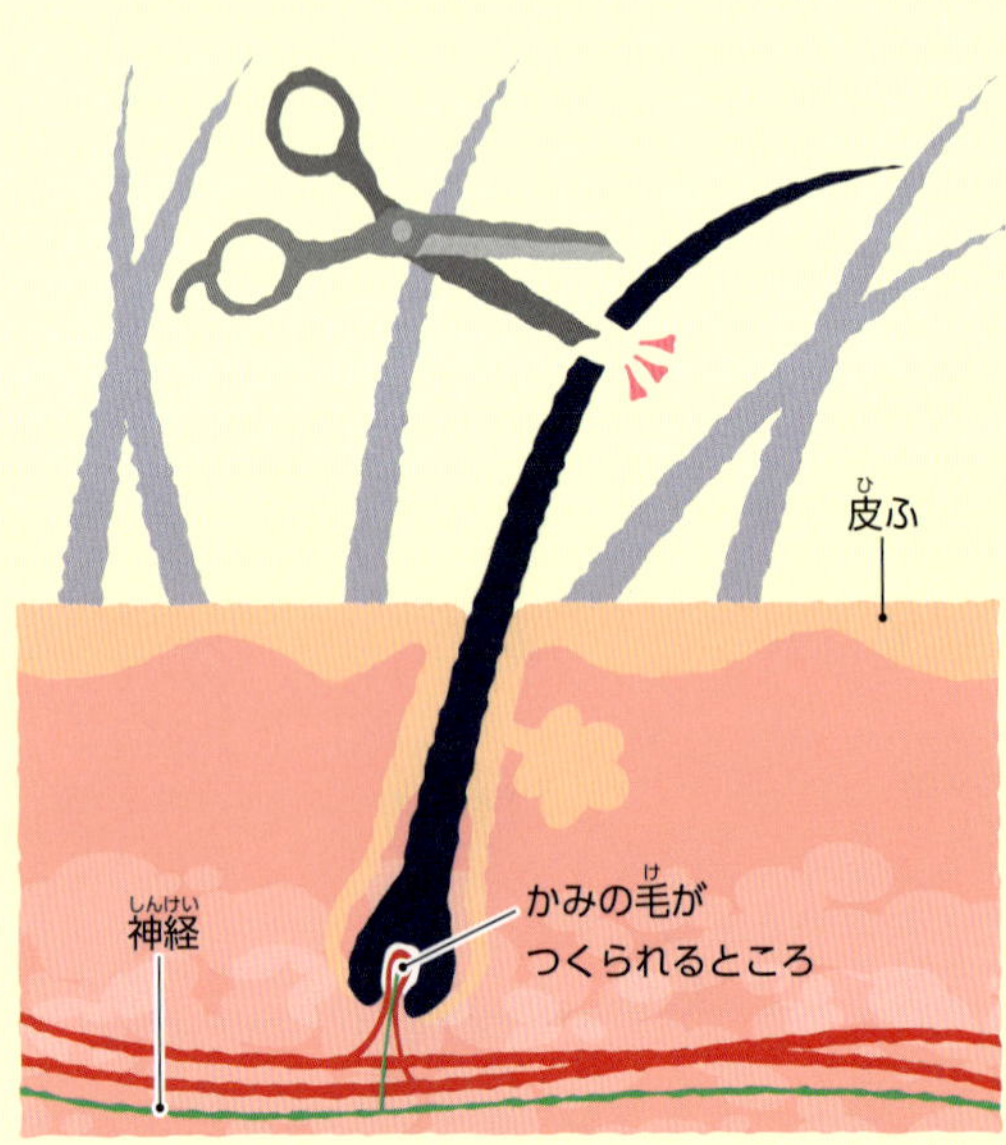

くれている部分でつくられています。新しい毛がつくられるとき、古い毛は上へおし上げられ、最後はぬけ落ちます。

かみの毛は、一日に約〇・三ミリメートル、一か月では約一センチメートルのびます。かみの毛一本の寿命は、男女差や個人差がありますが、三〜六年くらいです。

人間のからだは、くちびるや手、足のうらなどをのぞいて、太い毛や細い毛におおわれています。かみの毛は、だいじな頭をけがから守るとか、体温をにがさないなどの役目を果たしているのです。

鼻血が出るのはどうして？

鼻の中の細かい血管は、切れやすいのです

人は、口と鼻の両方で空気をすうことができます。口からすう場合、空気は冷たくても、かわいていても、直接、肺にとどきます。

鼻からの場合、まず、鼻毛でごみが取りのぞかれ、適度な湿気が加えられ、温められてから肺に送りこまれます。どちらが肺にやさしいか、わかりますね。

空気を温めてくれるのは、鼻の中にある血管です。鼻のあなの入り口から一センチメートルくらいの場所に、たくさんの細かい血管が集まっているのです。

この血管は、とてももろく切れやすいので、鼻になにかが強く当たったときや、鼻のあなを指でいじったときはもちろん、鼻を強くかむだけでも切れることがあります。

また、特にしげきをあたえていないのに、切れることもあります。たとえば、おふろで湯船に長くつかりすぎて、鼻血を出した経験はありませんか。これは、からだが温まって、血液のめぐりがよくなり、いきおいがついた血液の流れに、血管がたえられず、切れてしまったのです。

鼻血が出たときは、清潔なガーゼやティッシュペーパーで鼻をおさえたり、鼻のあなに脱脂綿を入れたりしたあと、小鼻のつけ根の部分を強くおさえて、鼻の位置を心臓よりも高くしましょう。この状態で、冷えたタオルなどで小鼻のつけ根を冷やすと、血管がちぢんで鼻血が止まりやすくなります。

昔は、横になったり上を向いたりするように言われていましたが、そうすると、血を飲みこんだり、血が気管に入ったりしてしまうので、すわって静かにしていましょう。

小鼻のつけ根をしっかりおさえる

横になったり上を向いたりしない

おはなしクイズ 鼻血が出たときには、横たわるとよい。○か×か？

275ページのこたえ 角質層

おふろで指がしわしわになるのはなぜ？

ぶよぶよと、皮ふがのびたように見えますが……


　おふろに長く入っていると、手の皮がふやけて、しわしわになることがありますね。これは、皮ふにある「角質層」という部分に水がためこまれることで起こります。

　わたしたちのからだの皮ふは、外側から「表皮」「真皮」「皮下組織」という三つの層に分けられます。

　表皮の一番外側にあるのが、角質層です。おふろに長い時間つかっていると、角質層がたくさん水をすいます。しかし、その下にある部分はそのままなので、角質層だけがふくらんで、しわがよるのです。

　特に、手の指先やつま先などは、かたいつめがあるため、よけいに皮ふがきゅうくつになって、しわが目立つのです。

　水分をすって、しわしわになった手のひらや指も、おふろから上がって十五～三十分もすれば、水分が蒸発してもとにもどるので、心配はいりません。

そもそも、角質層というのは、外から水が入ってくるのをふせいだり、反対に、からだに水分が足りないときには、水をためこんだりする性質をもっています。

そのうえ、手のひらや指には、あせを出す「汗腺」がたくさん集まっているため、もともと水分が多く、ふやけやすいのです。

さて、からだ全体の皮ふにある角質層ですが、どの部分にあるかによって、そのあつみがちがいます。なかでも、手のひらや足のうらは何層も重なっていて、ほかの部分よりあつくなっています。ものを持ったり、歩いたりするために、じょうぶにできているのです。 

このように、あつい皮ふがわたしたちのからだをおおい、水分の量を調節したり、なにかにぶつかったときに外からの力をやわらげたり、からだの中にばい菌が入らないようにしたりと、たいせつな役割を果たしているのです。

おはなしクイズ
角質層はどこの一部？
㋐表皮 ㋑真皮 ㋒皮下組織

277ページのこたえ ×

ふたごはどうしてそっくりなの？

そっくりのひみつは、「遺伝子」にある!?

わたしたちのからだの細胞の中には、「遺伝子」というものがあります。からだの形や性質をつくる設計図のようなものです。

　わたしたちは生まれてくるときに、この遺伝子を、お父さんとお母さんから半分ずつ受けついでいます。

　両親から受けつぐ遺伝子の組み合わせはかぎりなくあるため、同じ両親から生まれても、顔やからだのつくりにちがいが出てきます。兄弟や姉妹の顔がひとりひとりちがうのは、そのためです。

　ただし、ふたごの場合は、同じ遺伝子をもって生まれてくるので、顔やからだ、声などがそっくりになります。では、どうしてふたごは、同じ遺伝子をもって生まれてくるのでしょうか。

　赤ちゃんの命は、お父さんのからだの中にある「精子」と、お母さん

受精卵がふたつに分かれる

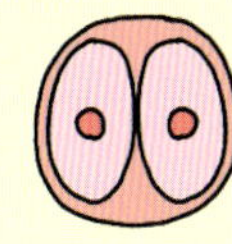

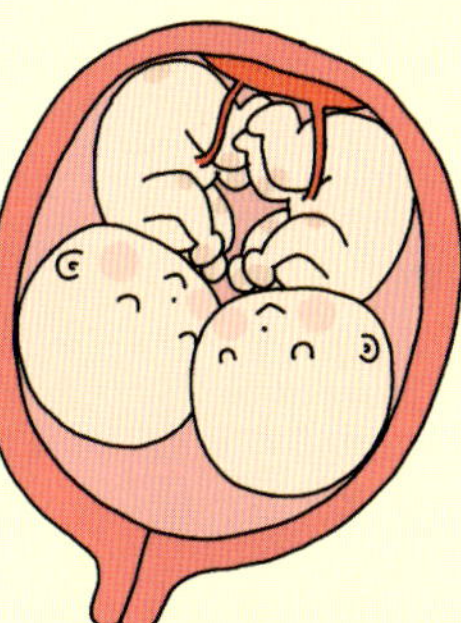

それぞれ成長する

279ページのこたえ ㋐表皮

のからだの中にある「卵子」がいっしょになることで、誕生します。これを「受精」といいます。

精子と卵子でできた受精卵は、もともとひとつです。お母さんのからだの中でゆっくり育っていきますが、とちゅうでなにかのひょうしにふたつに分かれてしまうことがあります。

その分かれた受精卵がそれぞれ赤ちゃんに成長していくと、ふたごになるのです。もともとはひとつのものだったので、もっている遺伝子が同じなのですね。

ところで、ときどき、ふたごなのにそっくりではないこともあります。いっしょに生まれてきても、受精卵がもともとひとつではなく、ふたつだった場合です。

ふたごには、ひとつの受精卵がふたつに分かれてふたごになる場合と、ふたつの受精卵からそれぞれ育つ場合があるのです。

ひとつの受精卵から生まれるふたごを「一卵性」、ふたつの受精卵から生まれるふたごを「二卵性」といいます。二卵性のふたごは、男女の組み合わせもありますが、一卵性のふたごは、男と男、女と女の組み合わせでしか生まれてきません。

一卵性のふたごは、同じ遺伝子をもって生まれてくる。○か×か？

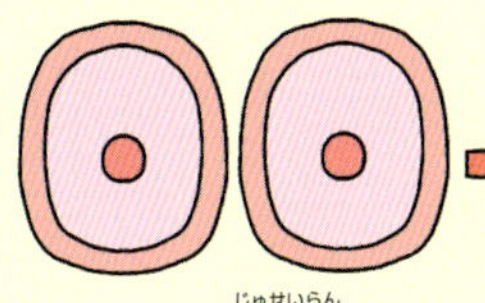

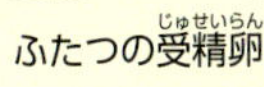

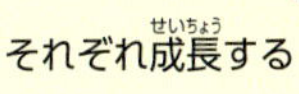

ふたつの受精卵

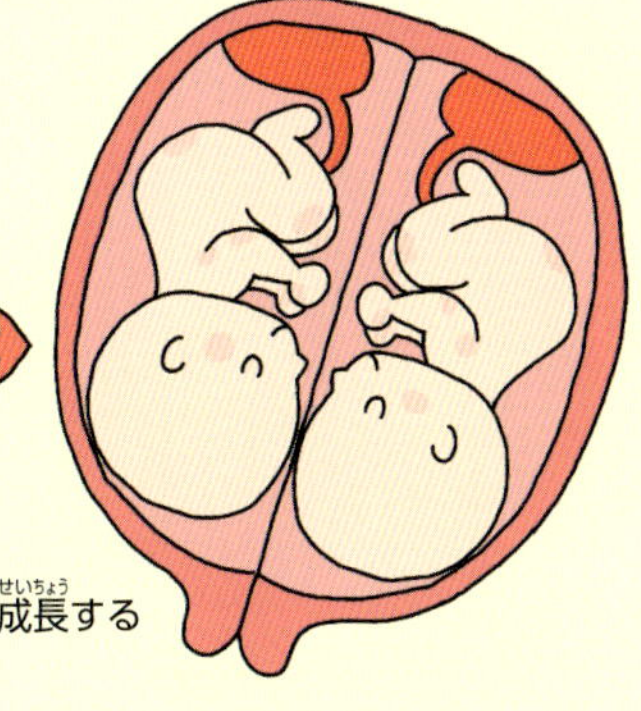

それぞれ成長する

しゃっくりはどうして出るの？

時間がたてば、自然におさまりますが……

しゃっくりは、わたしたちのからだの中の「横かく膜」という部分がけいれんすることで起こります。

横かく膜は、むねとおなかの間にある、ドーム状の筋肉の膜です。わたしたちが呼吸をするときに、だいじなはたらきをしています。

息をすうとき、横かく膜は引き下げられるように動きます。肺をふくらませて、空気をすいこむためです。反対に、息をはくときには、横かく膜は上がり、肺がちぢんで空気がおし出されていきます。このくり返しによって、呼吸をしているのです。

ところが、熱いものや冷たいものをいきなり食べたり、のどに食べものがつまったりしたときなど、空気のすいこみ方がいつもとちがうと、横かく膜は、けいれんを起こすことがあります。このときに息をすうと、「ヒック」という音が出るのです。

ところでみなさんは、しゃっくり

よんだ■■■ 

をしているとき、「わっ！」と、おどろかされたことはありませんか？しゃっくりを止めるためですよね。

おどろくと、一瞬、呼吸が止まります。横かく膜へのしげきがおさまるので、そのひょうしにしゃっくりが止まることがあるそうです。

このほか、ゆっくりと深呼吸をしたり、息をすってしばらく止めたり、息つぎをしないで水を飲んだりすることも、しゃっくりを止めるために効果的だといわれています。

しゃっくりを止めるには、横かく膜のけいれんを止めることが重要です。つまり、呼吸のリズムをもとにもどしてあげればいいのです。

とはいえ、しゃっくりはほとんどの場合、からだに害はありません。必死に止めようとしなくても、時間がたてば自然におさまります。

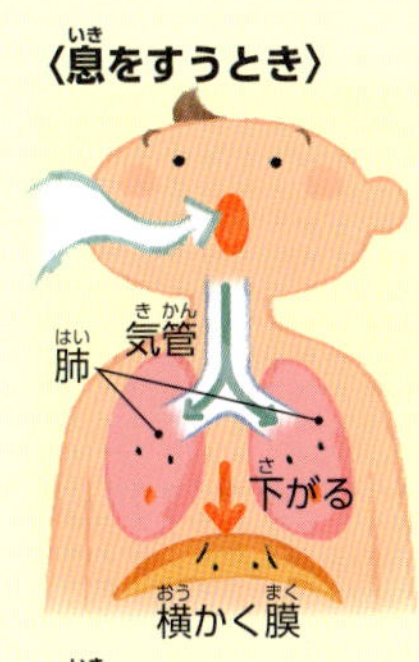

〈息をはくとき〉

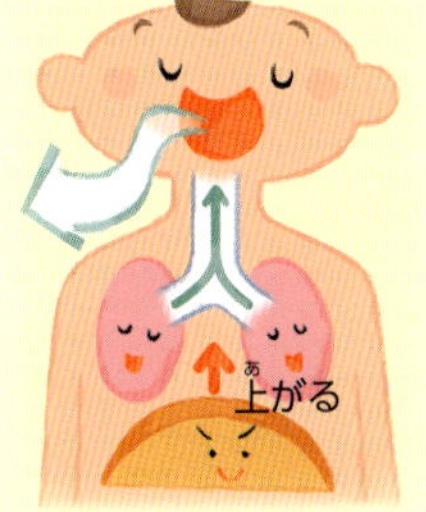

〈しゃっくりが出るとき〉

ヒック！

けいれん

おはなしクイズ しゃっくりは、横かく膜のけいれんによって起こる。○か×か？

283ページのこたえ ○

285ページのこたえ ○

用語さくいん

あ行

か行

さ行

監修者紹介

長沼 毅(ながぬま たけし)

1961年4月12日生まれ。1984年、筑波大学第二学群生物学類卒業。1989年、同大学大学院生物科学研究科博士課程修了。深海や極地、砂漠など、さまざまな極限の世界にすむ生きものを探すために世界をめぐっている。現在は、広島大学大学院生物圏科学研究科准教授。著書・監修書に『驚異の極限生物ファイル』(誠文堂新光社)、『死なないやつら』(講談社)、共著に『超ディープな深海生物学』(祥伝社)、『地球外生命－われわれは孤独か』(岩波書店)などがある。

執筆　天沼春樹／下郷さとみ／髙木栄利／長井理佳／野村一秋／早野美智代／飯野由希代／深田幸太郎／森村宗冬／山内ススム／山下美樹／山畑泰子／山本省三

イラスト　秋野純子／いけだこぎく／大島加奈子／オフィスシバチャン／柿田ゆかり／鴨下 潤／川添むつみ／くどうのぞみ／これきよ／すみもとななみ／ゼリービーンズ／タカタカヲリ／たなかあさこ／TICTOC／常永美弥／鶴田一浩／中野ともみ／はっとりななみ／ひしだようこ／矢寿ひろお

章末コラムイラスト　TICTOC　装丁イラスト　菅野泰紀

装丁・本文デザイン　大場由紀／横山恵子(株式会社ダイアートプランニング)

校正協力　月岡廣吉郎　編集協力　株式会社童夢

ポケット版「なぜ？」に答える科学のお話100

生きものから地球・宇宙まで

2015年8月25日　第1版第1刷発行
2016年2月 4 日　第1版第2刷発行

監　修　長沼　毅
発行者　山崎　至
発行所　株式会社PHP研究所
東京本部　〒135-8137　江東区豊洲5-6-52
児童書局　出版部　TEL 03-3520-9635(編集)
普及部　TEL 03-3520-9634(販売)
京都本部　〒601-8411　京都市南区西九条北ノ内町11
PHP INTERFACE　http://www.php.co.jp/

印刷所
製本所　図書印刷株式会社

ISBN978-4-569-78486-1

287P 16cm NDC407